高等院校"+互联网"系列精品教材

省级精品课
配套教材

电子测量技术项目化教程

主　编　周友兵

副主编　齐学红

主　审　贾艳丽

U0207327

電子工業出版社.

Publishing House of Electronics Industry

北京·BEIJING

内 容 简 介

本书按照教育部新的职业教育教学改革要求，结合作者多年的教学实践和教改新成果进行编写。本书采用"项目引领、任务驱动"的原则，突出岗位实践技能培养。本书结合国家职业标准，从应用的角度分别对 DDS 信号源、数字示波器、数字交流毫伏表、数字失真度仪、电子计数器、数字万用表、数字电桥、半导体管特性图示仪和频率特性测试仪等电子测量仪器进行系统的介绍。每种仪器的讲解内容安排顺序为：仪器的功能→技术指标→内部结构与工作原理→操作使用→实际项目测试。本书将知识学习与技能训练有机结合，内容实用，易于安排教学。

本书为高等职业本专科院校相应课程的教材，也可作为开放大学、成人教育、自学考试、中职学校和培训班的教材，以及企业工程技术人员的参考书。

本书配有免费的电子教学课件、习题参考答案等，详见前言。

图书在版编目（CIP）数据

电子测量技术项目化教程 / 周友兵主编. —北京：电子工业出版社，2017.8（2022.7 重印）
高等院校"+互联网"系列精品教材
ISBN 978-7-121-31917-4

Ⅰ. ①电… Ⅱ. ①周… Ⅲ. ①电子测量技术－高等学校－教材 Ⅳ. ①TM93

中国版本图书馆 CIP 数据核字（2017）第 137061 号

策划编辑：陈健德（E-mail:chenjd@phei.com.cn）
责任编辑：刘真平
印　　刷：北京虎彩文化传播有限公司
装　　订：北京虎彩文化传播有限公司
出版发行：电子工业出版社
　　　　　北京市海淀区万寿路 173 信箱　邮编 100036
开　　本：787×1 092　1/16　印张：9.5　字数：243.2 千字
版　　次：2017 年 8 月第 1 版
印　　次：2022 年 7 月第 7 次印刷
定　　价：32.00 元

凡所购买电子工业出版社图书有缺损问题，请向购买书店调换。若书店售缺，请与本社发行部联系，联系及邮购电话：（010）88254888，88258888。

质量投诉请发邮件至 zlts@phei.com.cn，盗版侵权举报请发邮件至 dbqq@phei.com.cn。

本书咨询联系方式：chenjd@phei.com.cn。

前　言

　　本书根据教育部新的职业教育教学改革要求，以岗位实践技能培养为核心，从应用的角度分别对 DDS 信号源、数字示波器、数字交流毫伏表、数字失真度仪、电子计数器、数字万用表、数字电桥、半导体管特性图示仪和频率特性测试仪等电子测量仪器进行系统的介绍。每种仪器的讲解内容安排顺序为：仪器的功能→技术指标→内部结构与工作原理→操作使用→实际项目测试。

　　本书编写遵循"项目引领、任务驱动"原则，突出基本知识、基本理论和基本技能的内容融合，避免烦琐的数学推导和过深的理论分析，以满足职业岗位需求为目标，注重对人才综合能力（知识、能力及素质）的训练和培养。教材采用项目化结构，一个项目包含若干个任务。每个任务围绕一两个典型仪器展开。内容安排打破原有的学科型教材编写体系，突出操作技能的培养。结合国家职业标准对知识和技能的要求，开展对学生实际操作技能的训练与职业能力的培养。

　　本书建议教学时数为 60 学时（各院校可结合实际教学情况适当调整），具体学习任务安排如下：

项 目 名 称		学时	所 用 仪 器	项目载体
项目 1　信号源频率准确度的测试	任务 1.1　玩转信号源	6	信号源	信号源
	任务 1.2　用电子计数器测试信号源频率准确度	8	电子计数器	
项目 2　直流稳压电源技术指标的测试	任务 2.1　稳压电源源效应和负载效应的测试	6	稳压电源、数字万用表	稳压电源
	任务 2.2　稳压电源纹波电压的测试	8	稳压电源、数字示波器	
项目 3　电子元器件参数的测试	任务 3.1　用数字电桥测试电子元件参数	4	数字电桥	电子元器件
	任务 3.2　用半导体管特性图示仪测试电子器件参数	6	半导体管特性图示仪	
	任务 3.3　用频率特性测试仪测试声表面波滤波器的幅频特性	8	扫频仪	
项目 4　功率放大器技术指标的测试	任务 4.1　功率放大器的静态测试	4	数字万用表	功率放大器
	任务 4.2　功率放大器输出功率的测试	4	数字毫伏表	
	任务 4.3　功率放大器失真度的测试	6	失真度仪	

　　本书由江苏淮安信息职业技术学院电子工程学院周友兵主编，齐学红任副主编，贾艳丽任主审。其中项目 1 由齐学红编写；项目 2 由裴立云编写；项目 3 由周友兵编写；项目 4 由江苏瑞特电子公司工程师胡玉中编写。参加本书编写的还有阴家龙、丁向荣等。

鉴于编者水平有限，书中难免存在不足之处，恳请读者批评指正。

为了方便教师教学，本书还配有免费的电子教学课件、习题参考答案等，请有此需要的教师登录华信教育资源网（http://www.hxedu.com.cn）免费注册后再进行下载。直接扫一扫书中的二维码可阅看更多的立体化教学资源。有问题时请在网站留言或与电子工业出版社联系（E-mail: hxedu@phei.com.cn）。

编者

目　录

项目 1

信号源频率准确度的测试

教学导航

教	重点	1. DDS 信号源的原理与使用
		2. 电子计数器的原理与使用
	难点	1. DDS 信号源的工作原理
		2. 电子计数器的工作原理
	教学方式	行动导向教学法
	建议学时	14 课时
学	学习方法	做中学
	应该掌握的理论知识	DDS 信号源、电子计数器的工作原理
	必须掌握的技能	DDS 信号源、电子计数器的操作使用

任务 1.1 玩转信号源

信号源可以产生各种频率和幅度的信号，为被测设备提供测试信号，用于电子整机、部件及元器件的性能测试，是电子测量中最常用的仪器之一。

1.1.1 信号源的功能、种类及技术指标

1. 信号源的功能

（1）接收机性能测试。利用信号源产生不同特性的标准信号，实现对接收机工作频率范围、灵敏度、带宽和失真度等指标的测试。

（2）器件参数测试。在进行放大器和滤波器等器件特性测量时，信号源产生一定频率和功率的激励信号，注入被测器件中。将经过器件后输出的信号与激励信号对比，就可得到器件的增益、频响和带宽等指标。

2. 信号源的种类

信号源种类很多，如表 1-1 所示。

表 1-1 信号源的种类

分 类 方 法	名　称
按频段分	低频信号源
	高频信号源
按波形特性分	正弦信号源
	脉冲信号源
	函数信号源
按工作原理分	直接振荡式信号源
	直接频率合成式信号源
按调制方式分	调频信号源
	调幅信号源
按用途分	音频信号源
	电视信号源

3. 正弦信号源的主要技术指标

正弦信号源的主要技术指标包括频率特性、输出特性和调制特性。

1）频率特性

（1）频率范围：指信号源所产生的输出信号的频率范围。

（2）频率准确度：指信号源输出频率的示值相对误差，其定义式为

$$\alpha = \frac{f - f_0}{f_0} \times 100\% \tag{1-1}$$

式中，f 为实际值，f_0 为示值（标称值）。

（3）频率稳定度：指信号源在一定时间内维持其输出信号频率不变的能力。频率稳定度用一定时间内的相对频率偏移来表示。频率短期稳定度定义为信号源经过规定时间预热后，输出信号的频率在任意 15 min 的时间内所产生的最大变化率，即

$$\delta = \frac{f_{\max} - f_{\min}}{f_0} \times 100\% \qquad (1-2)$$

式中，$f_{\max}$ 为任意 15 min 内信号输出频率的最大值；$f_{\min}$ 为任意 15 min 内信号输出频率的最小值；f_0 为预调频率（标称值）。

2）输出特性

（1）输出阻抗：输出阻抗视信号源的类型而异。低频信号源一般有匹配变压器，故有 50 Ω、150 Ω、600 Ω、5 kΩ等各种不同输出阻抗，而高频信号源一般只有 50 Ω或 75 Ω一种输出阻抗。

（2）输出电平及其平坦度：输出电平表征信号源所能提供的最大和最小输出电平调节范围。目前正弦信号源输出信号幅度采用有效值或绝对电平来度量。输出电平平坦度是指在有效的频率范围内，输出电平随频率变化的程度。

（3）输出形式：输出形式有平衡输出和不平衡输出两种形式。

（4）输出波形及谐波失真度：输出波形是指信号源所能产生信号的波形。正弦信号源应输出单一频率的正弦信号，但由于非线性失真、噪声等原因，其输出信号中都含有谐波等其他成分，即信号的频谱不纯。用来表征信号频谱纯度的技术指标是谐波失真度。

3）调制特性

高频信号源在输出正弦波的同时，一般还能输出调幅波和调频波，有的还带有调相和脉冲调制等功能。当调制信号由信号源内部产生时，称为内调制；当调制信号由外部电路或低频信号发生器提供时，称为外调制。高频信号源的调制特性包括调制方式、调制频率、调制系数及调制线性等。

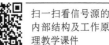
扫一扫看信号源的内部结构及工作原理教学课件

1.1.2　信号源的内部结构与工作原理

1. 信号源组成原理

虽然信号源种类很多，但其基本结构是一致的，如图 1-1 所示。

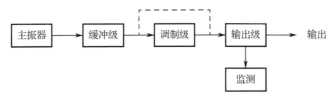

图 1-1　信号源组成框图

（1）主振器：它是信号源的核心部分。它产生不同频率、不同波形的信号。

（2）缓冲级：对主振器产生的信号进行放大、整形等。

（3）调制级：对原始信号进行调幅、调频等。

（4）输出级：调节输出信号的电平和输出阻抗。

（5）监测：可以是电压表、频率计等，给用户提供监视。

2．函数信号源组成原理

函数信号源一般能输出正弦波、方波、三角波等波形。函数信号源的典型原理框图如图 1-2 所示。

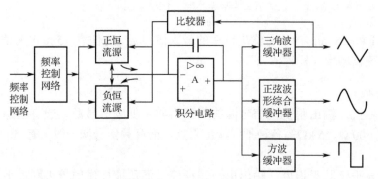

图 1-2 函数信号源组成框图

（1）频率控制网络：控制恒流源电流的大小，即改变积分器充放电斜率，进而改变输出三角波的周期，从而控制输出信号频率。

（2）恒流源：提供一个稳定的充放电电流，以使积分电路输出电压呈线性上升和下降。

（3）积分电路：产生三角波。

（4）比较器：将三角波与两个门限电压比较，从而控制恒流源的工作，达到双稳态电路的功能。

（5）正弦波形成电路：由三角波得到一个正弦波输出。

（6）方波形成电路：由三角波产生一个方波输出。

扫一扫看 DDS 信号源结构及工作原理微视频

1.1.3 DDS 信号源的工作原理与特点

扫一扫看 DDS 信号源结构及工作原理教学课件

1．DDS 信号源的工作原理

DDS 信号源采用直接数字频率合成（Direct Digital Synthesis，DDS）技术，把信号源的频率稳定度、准确度提高到与基准频率相同的水平，并且可以在很宽的频率范围内进行精细的频率调节。采用这种方法设计的信号源可工作于调制状态，可对输出电平进行调节，也可输出各种波形。

DDS 技术是一种从相位概念出发直接合成所需波形的全数字频率合成技术，其原理框图如图 1-3 所示。

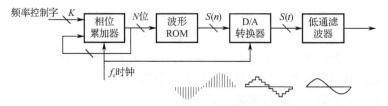

图 1-3 直接数字频率合成技术的原理框图

一个直接数字频率合成器由相位累加器、波形 ROM、D/A 转换器和低通滤波器构成。图 1-3 中，K 为频率控制字，f_c 为时钟频率，N 为相位累加器的字长，D 为 ROM 数据位及 D/A 转换器的字长。相位累加器在时钟 f_c 的控制下以步长 K 进行累加，输出 N 位二进制码作为波形 ROM 的地址，对波形 ROM 进行寻址，波形 ROM 输出的幅度码 $S(n)$ 经 D/A 转换器变成阶梯波 $S(t)$，再经低通滤波器平滑后就可以得到合成的信号波形了。

DDS 的理论基础是抽样定理。抽样定理的内容是：当抽样频率大于等于模拟信号频率的 2 倍时，可以由抽样得到的离散信号无失真地恢复原始信号。DDS 不是对一个模拟信号进行抽样，而是一个假定抽样过程已经发生且抽样的值已经量化完成，如何通过某种映射把已经量化的数值送到 D/A 及后级的低通滤波器重建原始信号的问题。

1）频率控制原理

由抽样定理可知，任何频率的正弦波形都可以看作由一系列抽样点所组成。设抽样时钟频率为 f_c，正弦波每个周期由 M 个抽样点构成，则正弦波的频率为

$$f_o = \frac{f_c}{M} \tag{1-3}$$

把一个正弦函数的相位在 2π rad 内分成 2^N 个点，求出相应各点的正弦函数值，并用 D 位二进制数表示，写入 ROM 中构成一个所谓的正弦表。在高速稳定的参考时钟控制下依次读出每个相位对应的正弦函数值，即得到抽样的正弦离散信号，经过 D/A 转换器得到所需要的模拟信号。设（0, 2π）内的相位点数为 2^N，参考时钟频率为 f_c，则输出信号的频率为

$$f_o = \frac{f_c}{2^N} \tag{1-4}$$

若在正弦值存储表中，每隔 K 个点读一次，那么读完（0, 2π）相位区间的时间缩短为原来的 $1/K$，即输出频率为

$$f_o = K \frac{f_c}{2^N} \tag{1-5}$$

K 称为相位增量，也称为频率控制字。因此，只要 N 足够大，DDS 可以得到很细的频率间隔。要改变 DDS 的输出频率，只要改变频率控制字 K 即可。

2）相位累加器

相位累加器的原理框图如图 1-4 所示。

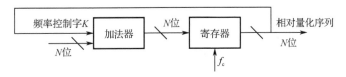

图 1-4　相位累加器的原理框图

相位累加器由 N 位加法器与 N 位寄存器级联构成。每来一个时钟脉冲 f_c，加法器将频率控制字 K 与寄存器输出的累加相位数据相加，再把相加后的结果送至寄存器的数据输入端。寄存器将加法器在上一个时钟作用后所产生的相位数据反馈到加法器的输入端，以使加法器在下一个时钟作用下继续与频率控制字进行相加。这样，相位累加器在时钟的作用

下进行相位累加，当相位累加器累加满量时就会产生一次溢出，完成一个周期性的动作。相位累加器的溢出频率就是 DDS 输出的信号频率。

3）波形存储器

用相位累加器输出的数据作为波形存储器的抽样地址，进行波形的相位-幅值转换，即可在给定的时间上确定输出波形的抽样幅值。N 位的寻址 ROM 相当于把 $0°\sim360°$ 的正弦信号离散成具有 2^N 个样值的序列，若波形 ROM 有 D 位数据位，则 2^N 个样值的幅值以 D 位二进制数值固化在 ROM 中，按照地址的不同可以输出相应相位的正弦信号的幅值。相位-幅度变换原理框图如图 1-5 所示。

图 1-5　相位-幅度变换原理框图

4）D/A 转换器

D/A 转换器的作用是把已经合成的正弦波的数字量转换成模拟量。正弦幅度量化序列 $S(n)$ 经 D/A 转换后变成了包络为正弦波的阶梯波 $S(t)$。D/A 转换器将数字量形式的波形幅值转换成所要求合成频率的模拟量形式的信号。

5）低通滤波器

对 D/A 转换器输出的阶梯波 $S(t)$ 进行频谱分析可知，$S(t)$ 中除了主频 f_0 外，还存在分布在 f_c，$2f_c$，$\cdots$ 两边 $\pm f_0$ 处的非谐波分量。因此，为了取出主频 f_0，必须在 D/A 转换器的输出端接入截止频率为 $f_c/2$ 的低通滤波器。低通滤波器用于滤除不需要的抽样分量，以便输出频谱纯净的正弦波信号。

结论： DDS 信号源在时钟频率给定后，输出信号的频率取决于控制字；频率分辨力取决于累加器位数；相位分辨力取决于 ROM 的地址线位数；幅度量化噪声取决于 ROM 的数据位字长和 D/A 转换器位数。

2. DDS 信号源的特点

1）DDS 信号源的优点

（1）频率分辨力高，输出频点多。

（2）频率切换速度快。

（3）频率切换时相位连续。

（4）输出相位噪声低。

（5）可以产生任意波形。

（6）全数字化实现，便于集成，体积小、重量轻。

2）DDS 信号源的缺点

（1）输出频率范围有限。用于 DDS 内部 D/A 转换器和波形存储器 ROM 的工作速度限制，使得 DDS 输出的最高频率受限。

（2）输出杂散大。由于 DDS 采用全数字结构，不可避免地引入了杂散。其来源有三：相位累加器的相位舍位误差造成的杂散、幅度量化误差（由存储器有限字长引起）和 D/A 转换器非理想特性造成的杂散。

3. DDS 信号源的应用

DDS 信号源已经成为雷达、通信和工程设计等系统信号源的首选。在扩频和跳频系统、数字广播、高清晰度电视、线性调频、仪器仪表及电子测量等领域，DDS 已经逐步成为高性能信号源的核心技术。除此之外，由于 DDS 是利用查表法来产生波形的，所以它也适用于任意波形发生器。

> 扫一扫看 DG1022 型信号源操作使用教学课件

1.1.4　DG1022 型信号源

DG1022 型双通道函数/任意波形发生器使用直接数字合成（DDS）技术，可生成稳定、精确、纯净和低失真的正弦信号。它还能提供 5 MHz 具有快速上升沿和下降沿的方波。另外，还具有高精度、宽频带的频率测量功能。

DG1022 型信号源向用户提供简单而功能明晰的前面板。人性化的键盘布局和指示以及丰富的接口、直观的图形用户操作界面、内置的提示和上下文帮助系统极大地简化了复杂的操作过程，用户不必花大量的时间去学习和熟悉信号发生器的操作，即可熟练使用。内部 AM、FM、PM、FSK 调制功能使仪器能够方便地调制波形，而无须单独的调制源。

1. DG1022 型信号源的面板与功能设置

DG1022 型信号源的前面板如图 1-6 所示。前面板上包括各种功能按键、旋钮及菜单软键，用户可以进入不同的功能菜单或直接获得特定的功能应用。

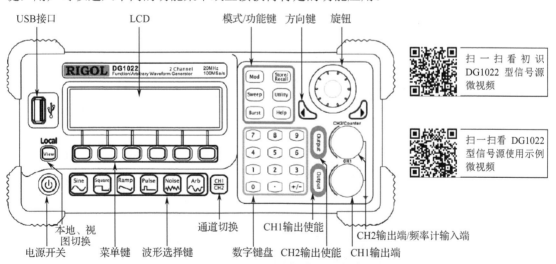

图 1-6　DG1022 双通道函数/任意波形发生器前面板

1）DG1022 型信号源前面板各控件功能说明

DG1022 型信号源前面板各控件功能如表 1-2 所示。

表 1-2　DG1022 型信号源前面板各控件功能

名　称	实物照片	功　能
电源开关		开关机
LCD 屏幕		显示波形参数
视图切换		切换三种显示模式
通道切换		切换两个通道
波形选择		Sine 正弦波 Square 方波 Pulse 脉冲波
数字键盘		直接输入需要的数值，改变参数大小
方向键、旋钮		方向键用于切换数值的数位等；旋钮用于切换内建波形种类等
模式/功能键		Utility 可以设置频率计、自检等 Mod 模式选择，AM、FM 等

续表

名　　称	实物照片	功　　能
通道输出使能键	Output	按下的通道显示"ON"且键灯点亮
通道输出/频率计输入	CH2/Counter CH1	在频率计模式下，CH2 作为信号输入端

2）DG1022 型信号源界面显示模式

DG1022 双通道函数/任意波形发生器提供了三种界面显示模式：单通道常规显示模式、单通道图形显示模式及双通道常规显示模式。这三种显示模式可通过前面板左侧的 **View** 按键切换。用户可通过 CH1/CH2 来切换活动通道，以便于设定每通道的参数及观察、比较波形。

（1）单通道常规显示模式，如图 1-7 所示。

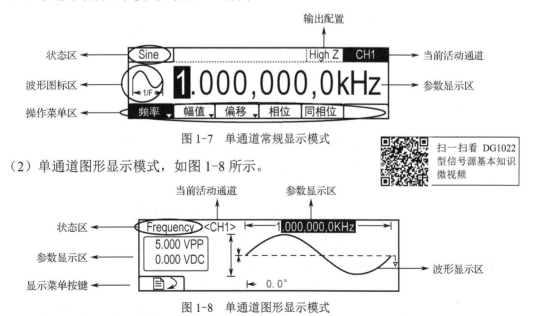

图 1-7　单通道常规显示模式

扫一扫看 DG1022
型信号源基本知识
微视频

（2）单通道图形显示模式，如图 1-8 所示。

图 1-8　单通道图形显示模式

（3）双通道常规显示模式，如图 1-9 所示。

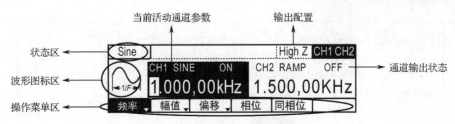

图 1-9 双通道常规显示模式

3）DG1022 型信号源的波形设置

如图 1-10 所示，在操作面板左侧下方有一系列带有波形显示的按键，它们分别是正弦波、方波、锯齿波、脉冲波、噪声波、任意波；此外还有两个常用按键：通道选择和视图切换键。

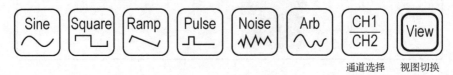

图 1-10 波形选择按键

（1）正弦波的设置。使用 Sine 按键，波形图标变为正弦信号，并在状态区左侧出现"Sine"字样。DG1022 可输出频率为 1 μHz～20 MHz 的正弦波形。通过设置频率/周期、幅值/高电平、偏移/低电平、相位，可以得到不同参数值的正弦波。图 1-11 所示正弦波使用系统默认参数：频率为 1 kHz，幅值为 5.0V$_{PP}$，偏移量为 0 V$_{DC}$，初始相位为 0°。

图 1-11 正弦波常规显示界面

（2）方波的设置。使用 Square 按键，波形图标变为方波信号，并在状态区左侧出现"Square"字样。DG1022 可输出频率为 1 μHz～5 MHz 并具有可变占空比的方波。通过设置频率/周期、幅值/高电平、偏移/低电平、占空比、相位，可以得到不同参数值的方波。图 1-12 所示方波使用系统默认参数：频率为 1 kHz，幅值为 5.0V$_{PP}$，偏移量为 0 V$_{DC}$，占空比为 50%，初始相位为 0°。

图 1-12 方波常规显示界面

（3）锯齿波的设置。使用 Ramp 按键，波形图标变为锯齿波信号，并在状态区左侧出现"Ramp"字样。DG1022 可输出频率大小为 1 μHz～150 kHz 并具有可变对称性的锯齿波波形。通过设置频率/周期、幅值/高电平、偏移/低电平、对称性、相位，可以得到不同参数值

的锯齿波。图 1-13 所示锯齿波使用系统默认参数：频率为 1 kHz，幅值为 5.0V_PP，偏移量为 0 V_DC，对称性为 50%，初始相位为 0°。

图 1-13　锯齿波常规显示界面

（4）脉冲波的设置。使用 Pulse 按键，波形图标变为脉冲波信号，并在状态区左侧出现"Pulse"字样。DG1022 可输出频率为 500 μHz～3 MHz 并具有可变脉冲宽度的脉冲波形。通过设置频率/周期、幅值/高电平、偏移/低电平、脉宽/占空比、延时，可以得到不同参数值的脉冲波。图 1-14 所示脉冲波使用系统默认参数：频率为 1 kHz，幅值为 5.0V_PP，偏移量为 0 V_DC，脉宽为 500 μs，占空比为 50%，延时为 0 s。

图 1-14　脉冲波常规显示界面

（5）通道选择。使用 CH1/CH2 键切换通道，当前选中的通道可以进行参数设置。在常规和图形模式下均可以进行通道切换，以便用户观察和比较两通道中的波形。

（6）视图切换。使用 View 键切换视图，使波形显示在单通道常规模式、单通道图形模式、双通道常规模式之间切换。此外，当仪器处于远程模式时，按下该键可以切换到本地模式。

4）DG1022 型信号源的输出设置

如图 1-15 所示，在前面板右侧有两个按键，用于通道输出、频率计输入的控制。

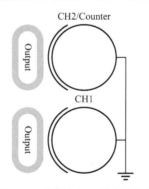

扫一扫看 DG1022 型信号源操作使用微视频

图 1-15　通道输出、频率计输入

（1）使用 Output 按键，启用或禁用前面板的输出连接器输出信号。已按下 Output 键的通道显示"ON"且键灯被点亮。

（2）在频率计模式下，CH2 对应的 Output 连接器作为频率计的信号输入端，CH2 自动关闭，禁用输出，如图 1-16 所示。

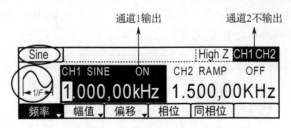

图 1-16　通道输出控制

5）DG1022 型信号源数字键盘的使用

如图 1-17 所示，在前面板上有两组按键，分别是方向键和旋钮、数字键盘。

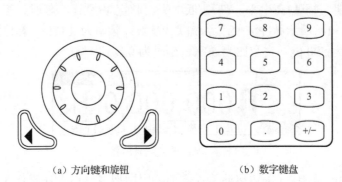

（a）方向键和旋钮　　　　　　　　（b）数字键盘

图 1-17　前面板的数字输入

方向键：用于切换数值的数位、任意波文件/设置文件的存储位置。

旋钮：改变数值大小。在 0～9 范围内改变某一数值大小时，顺时针转一格加 1，逆时针转一格减 1。用于切换内建波形种类、任意波文件/设置文件的存储位置、文件名输入字符。

数字键盘：直接输入需要的数值，改变参数大小。

6）DG1022 型信号源的存储和调出/辅助系统功能的使用

如图 1-18 所示，在操作面板上有三个按键，分别用于存储和调出、辅助系统功能的设置。

图 1-18　存储/辅助系统功能/帮助设置按键

（1）使用 Store/Recall 按键，存储或调出波形数据和配置信息。

（2）使用 Utility 按键，可以设置同步输出开/关、输出参数、通道耦合、通道复制、频率计测量；查看接口设置、系统设置信息；执行仪器自检和校准等操作。

（3）使用 Help 按键，查看帮助信息列表。

2. DG1022 型信号源的技术指标

DG1022 型信号源的技术指标如表 1-3 所示。

表 1-3　DG1022 型信号源的技术指标

波　形	频 率 特 性	输 出 幅 度	
正弦波 Sine	1 μHz～20 MHz 总谐波失真 DC～20 kHz，1V_PP <0.2%	通道 1 2 mV_PP～10 V_PP （50 Ω） 4 mV_PP～20 V_PP （高阻）	通道 2 2 mV_PP～3 V_PP （50 Ω） 4 mV_PP～6 V_PP （高阻）
方波 Square	1 μHz～5 MHz 上升/下降时间 <20 ns（10%～90%，典型值，1 kHz，1 V_PP） 占空比 1 μHz～3 MHz，20%～80%		
脉冲 Pulse	500 μHz～3 MHz 脉冲宽度 最大 2 000 s，最小 20 ns，最小分辨率 1 ns		
锯齿波/三角波 Ramp/Triangle	1 μHz～150 kHz		
任意波 Arb	1 μHz～5 MHz		
分辨率	1 μHz		
准确度	90 天内±50 ppm，1 年内±100 ppm，18～28 ℃		
温度系数	<5 ppm/℃		

【实例 1-1】　用 DG1022 型信号源输出正弦波的设置。

输出一个频率为 20 kHz，幅值为 2.5 VPP，偏移量为 500 mV_DC，初始相位为 10° 的正弦波形。

操作步骤为：

（1）设置频率值。①按 Sine 键，按 "频率/周期" 软键切换，软键菜单 "频率" 反色显示；②使用数字键盘输入 "20"，选择单位 "kHz"，设置频率为 20 kHz。

（2）设置幅度值。①按 "幅值/高电平" 软键切换，软键菜单 "幅值" 反色显示；②使用数字键盘输入 "2.5"，选择单位 "VPP"，设置幅值为 2.5VPP。

（3）设置偏移量。①按 "偏移/低电平" 软键切换，软键菜单 "偏移" 反色显示；②使用数字键盘输入 "500"，选择单位 "mV_DC"，设置偏移量为 500 mV_DC。

（4）设置相位。①按 "相位" 软键使其反色显示；②使用数字键盘输入 "10"，选择单位 "°"，设置初始相位为 10°。

上述设置完成后，按 View 键切换为图形显示模式，信号发生器输出图 1-19 所示正弦波。

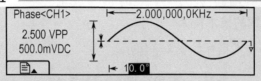

图 1-19　输出正弦波形

【实例 1-2】 用 DG1022 型信号源输出方波的设置。

输出一个频率为 1 MHz，幅值为 2.0 V_{PP}，偏移量为 10 mV_{DC}，占空比为 30%，初始相位为 45°的方波。

操作步骤为：

（1）设置频率值。①按 Square 键，按"频率/周期"软键切换，软键菜单"频率"反色显示；②使用数字键盘输入"1"，选择单位"MHz"，设置频率为 1 MHz。

（2）设置幅度值。①按"幅值/高电平"软键切换，软键菜单"幅值"反色显示；②使用数字键盘输入"2"，选择单位"V_{PP}"，设置幅值为 2 V_{PP}。

（3）设置偏移量。①按"偏移/低电平"软键切换，软键菜单"偏移"反色显示；②使用数字键盘输入"10"，选择单位"mV_{DC}"，设置偏移量为 10 mV_{DC}。

（4）设置占空比。①按"占空比"软键使其反色显示；②使用数字键盘输入"30"，选择单位"%"，设置占空比为 30%。

（5）设置相位。①按"相位"软键使其反色显示；②使用数字键盘输入"45"，选择单位"°"，设置初始相位为 45°。

上述设置完成后，按 View 键切换为图形显示模式，信号发生器输出如图 1-20 所示方波。

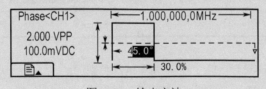

图 1-20　输出方波

【实例 1-3】 用 DG1022 型信号源输出脉冲波的设置。

输出一个频率为 5 kHz，幅值为 50 mV_{PP}，偏移量为 5 mV_{DC}，脉宽为 20 μs（占空比为 10%），延时为 200 μs 的脉冲波形。

操作步骤为：

（1）设置频率值。①按 Pulse 键→按"频率/周期"软键切换，软键菜单"频率"反色显示；②使用数字键盘输入"5"，选择单位"kHz"，设置频率为 5 kHz。

（2）设置幅度值。①按"幅值/高电平"软键切换，软键菜单"幅值"反色显示；②使用数字键盘输入"50"，选择单位"mV_{PP}"，设置幅值为 50 mV_{PP}。

（3）设置偏移量。①按"偏移/低电平"软键切换，软键菜单"偏移"反色显示；②使用数字键盘输入"5"，选择单位"mV_{DC}"，设置偏移量为 5 mV_{DC}。

（4）设置脉宽（占空比）。①按"脉宽（占空比）"，软键菜单"脉宽（占空比）"反色显示；②使用数字键盘输入"20（10）"，选择单位"μs（%）"，设置脉宽为 20 μs（占空比为 10%）。

（5）设置延时。①按"延时"软键菜单，"延时"反色显示；②使用数字键盘输入 "200"，选择单位"μs"，设置延时为 200 μs。

上述设置完成后，按 View 键切换为图形显示模式，信号发生器输出如图 1-21 所示脉冲波。

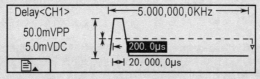

图 1-21　输出脉冲波

【实例 1-4】　用 DG1022 型信号源双通道输出同一个正弦波的设置。

设置信号发生器的两个通道输出如图 1-22 所示参数相同的正弦波。

图 1-22　双通道输出同一正弦波

按"同相位"菜单项，然后调节示波器，分别用示波器的 YT 模式和 XY 模式（李沙育图）观察信号发生器双通道输出的波形效果，如图 1-23 和图 1-24 所示。

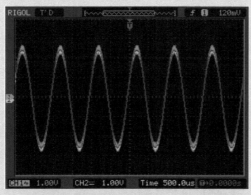

图 1-23　双通道输出同一波形效果图

双通道的波形参数一致，无相位差，波形重叠。

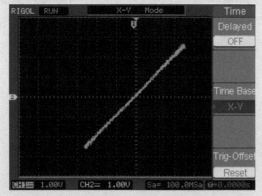

图 1-24　双通道输出同一波形效果图（李沙育图）

双通道无相位差，李沙育图呈直线显示。

【**实例 1-5**】 用 DG1022 型信号源双通道输出相位差为 90°正弦波的设置。

使用数字键盘输入"90"，选择单位"°"，设置双通道波形相位差为 90°，再次按下"同相位"菜单项，用示波器观察波形效果，如图 1-25 和图 1-26 所示。

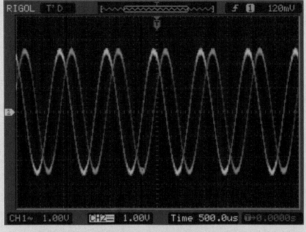

图 1-25　双通道输出相位差为 90°的波形效果

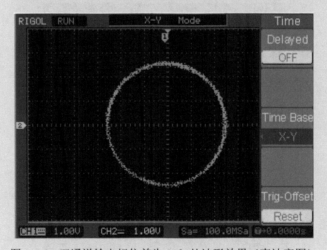

图 1-26　双通道输出相位差为 90°的波形效果（李沙育图）

双通道存在 90°相位差，李沙育图呈圆形显示。

扫一扫看 SP1641B
型信号源操作使用
微视频

任务 1.2 用电子计数器测试信号源频率准确度

频率准确度是信号源非常重要的技术参数之一，它是指信号源输出频率的示值相对误差。电子计数器是测量信号频率的常用仪器之一。本任务就是用电子计数器来测量信号源的频率准确度。

任务工作单

用电子计数器测试信号源频率准确度——任务工作单			
测试目的	1. 认识 E312B 型通用计数器的面板装置及其功能； 2. 会用 E312B 型通用计数器测试信号源输出信号频率准确度		
测试仪表	名　称	型　号	数　量
	通用计数器	E312B 型	1 台
	函数信号源	DG1022 型	1 台
测试要求	1. 仔细阅读《电子测量仪器》相关教材内容； 2. 弄懂电子计数器测试原理； 3. 根据所给测量要求，拟定测量方案、步骤，完成测量任务		
注意事项	1. 频率准确度的定义要弄清； 2. 分析频率准确度和频率高低的关系		

1.2.1 电子计数器的种类和技术参数

电子计数器可以测量频率、周期、时间间隔、频率比、累加计数等。

1. 电子计数器的种类

电子计数器种类很多，如表 1-4 所示。

表 1-4　电子计数器分类

分类方法	名　称	备　注
按功能分	通用计数器	测频率、频率比、周期、时间间隔、累加计数等
	频率计数器	测频和计数。但测频范围往往很宽
	时间计数器	以时间测量为基础，测时分辨力和准确度高
	特种计数器	包括可逆计数器、序列计数器、预置计数器等
按测量范围分	低速计数器	低于 10 MHz
	中速计数器	10～100 MHz
	高速计数器	高于 100 MHz

2. 电子计数器的主要技术参数

1）频率测量范围（测频范围）

电子计数器的测频范围，低端大部分从 10 Hz 开始，高端则因不同型号的频率计而异。

因此高端频率是确定低、中、高速计数器的依据。

2）周期测量范围

数字频率计最大的测量周期一般为 10 s，可测周期的最小时间，依不同类型的频率计而定。对于低速通用计数器最小时间为 1 μs；对中速通用计数器可小到 0.1 μs（或 10 ns）。

3）晶体振荡器的频率稳定度

晶体振荡器的频率稳定度是决定频率计测量误差的一个重要指标。可用频率准确度、日波动、时基稳定度、秒级频率稳定度等指标来描述晶体振荡器的性能。

4）输入灵敏度

输入灵敏度是指能保证正常工作的最小输入电压。目前通用计数器一般都设计两个输入通道，即 A 通道和 B 通道。灵敏度大多为 50 mV。灵敏度高的数字频率计输入灵敏度可达 30 mV、20 mV。

5）输入阻抗

输入阻抗由输入电阻和输入电容两部分组成。输入阻抗可分为高阻（如 1 MΩ/25 pF）和低阻（如 50 Ω）。前者多用于频率不太高的场合，以减小对信号源的负载影响；后者多用于频率较高的场合，以满足匹配要求。

扫一扫看电子计数器内部结构教学课件

扫一扫看电子计数器内部结构微视频

1.2.2 电子计数器的内部结构与工作原理

1. 电子计数器的内部结构

通用电子计数器的原理框图如图 1-27 所示。

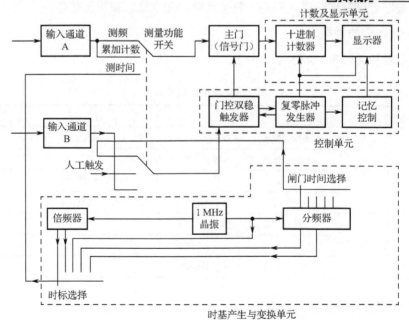

图 1-27 通用电子计数器的原理框图

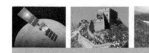

电子计数器由输入通道、时基产生与变换单元、主门、控制单元、计数及显示单元等组成。电子计数器的基本功能是频率和时间测量，但测量频率和时间时，加到主门和控制单元的信号源不同，测量功能的转换由开关来操纵。累加计数时，加到控制单元的信号则由人工控制。至于计数器的其他测量功能，如频率比测量、周期测量等则是基本功能的扩展。

1）输入通道

输入通道送出的信号，经过主门进入计数电路，它是计数电路的触发脉冲源。为了保证计数电路正确工作，要求该信号具有一定的波形、极性和适当的幅度，但输入被测信号的幅度不同，波形也多种多样，必须利用输入通道对信号进行放大、整形，使其变换为符合主门要求的计数脉冲信号。输入通道共有两路。由于两个通道在测试中的作用不同，也各有其特点。A输入通道是计数脉冲信号的输入电路，其组成如图1-28（a）所示。

当测量频率时，计数脉冲是输入的被测信号经整形而得到的。当测量时间时，该信号是仪器内部晶振信号经倍频或分频后再经整形而得到的。究竟选用何种信号，由选通门的选通控制信号决定。B输入通道是闸门时间信号的通路，用于控制主门是否开通。该信号经整形后用来触发双稳态触发器，使其翻转。以一个脉冲启开主门，而以随后的一个脉冲关门。两脉冲的时间间隔为开门时间。在此期间，计数器对经过A通道的计数脉冲计数。为保证信号在一定的电平时触发，输入端可对输入信号电平进行连续调节。在施密特电路之后还接有倒相器，从而可任意选择所需的触发脉冲极性，如图1-28（b）所示。

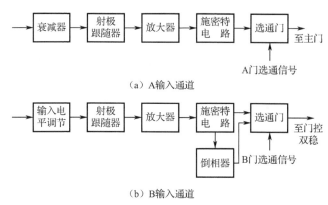

（a）A输入通道

（b）B输入通道

图1-28　输入通道组成

2）主门

主门又称闸门，对计数脉冲能否进入计数器起着闸门的作用。主门电路是一个标准的双输入逻辑门，如图1-29所示。

它的一个输入端接入来自门控双稳触发器的门控信号，另一个输入端则接收计数用脉冲信号。在门控信号有效期间，计数脉冲允许通过此门进入计数器计数。在测量频率时的门控信号为仪器内部的闸门时间选择电路送来的标准信号，在测量周期或时间时则是整形后的被测信号。

3）时基产生与变换单元

本单元用于产生各种时标信号和门控信号，如图 1-30 所示。

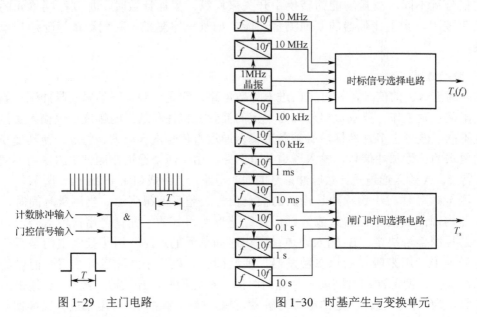

图 1-29　主门电路　　　　　　图 1-30　时基产生与变换单元

由 1 MHz 晶振产生的标准频率信号，作为通用计数器的时间标准。该信号经倍频或分频后可提供不同的时标信号，用于计数或作为门控信号。当晶振频率不同，或要求提供的闸门信号和时标信号不同时，倍频和分频的级数也不同。

4）控制单元

控制单元为程控电路，能产生各种控制信号去控制和协调计数器各单元工作，以使整机按一定工作程序自动完成测量任务。电子计数器一方面对通过主门的计数脉冲进行计数，另一方面又要显示测量结果，它严格按照程序往复循环工作，如图 1-31 所示。

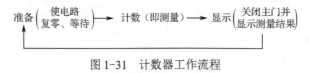

图 1-31　计数器工作流程

5）计数及显示单元

本单元用于对主门输出的脉冲计数并显示十进制脉冲数。由二-十进制计数电路及译码器、数字显示器等构成。

2．电子计数器的测量原理

扫一扫看电子
计数器测量原
理教学课件

1）频率测量

测量频率时，电子计数器的电路原理框图如图 1-32 所示。

被测信号加于 A 通道，经电路放大、整形后，形成频率等于被测信号频率 f_x 的计数脉冲。把它加至主门的一个输入端。门控双稳电路受晶振分频而来的闸门时间信号控

制，门控双稳的输出接至主门的另一个输入端。这时主门的开通时间由闸门时间选择电路送来的信号决定。在主门开通时间 T 内，对计数脉冲计数，设计数值为 N，则有 $N=T/T_x$，即

$$f_x = \frac{N}{T} = \frac{N}{K_f T_s} \tag{1-6}$$

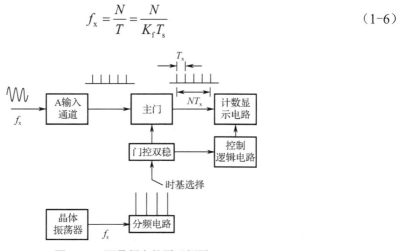

图 1-32　测量频率的原理框图

式中，T 为门控时间，门控信号是晶振 f_s 分频而来的；K_f 为分频器分频系数；T_s 为晶振周期。对同一被测信号，如果选择不同的门控时间，即选择不同的分频系数 K_f，则计数值 N 是不同的。例如，当 $f_x=1\,000\,000$ Hz，$T=1$ s 时，可得 $N=1\,000\,000$，若 7 位显示器的单位采用 kHz，则显示"$1\,000.000$ kHz"；如果门控时间改为 0.1 s，则 $N=100\,000$，显示"$1\,000.00$ kHz"，7 位显示器的第 1 位不显示，只显示 6 位数字，且小数点已后移 1 位。可见，测量同一个信号频率时，若将闸门时间延长，则显示的有效数字位数增加，使测量精度提高。

2）周期测量

测量周期时，电子计数器的电路原理框图如图 1-33 所示。

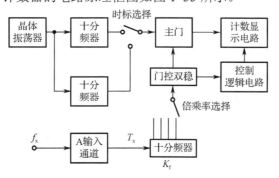

图 1-33　测量周期的原理框图

被测信号经 A 输入通道整形，使其转换成相应的脉冲波，取出其跳变沿形成脉冲串，这时同极性跳变沿脉冲的重复周期恰好等于被测信号周期。利用该脉冲去触发门控双稳，控制主门的开闭。主门导通的时间就正好等于被测信号的周期。晶振经倍频（或分频）后产生的时标脉冲同时送至主门的另一输入端。在主门开启的时间内对输入的时标脉冲计

数。设计数的值为 N，时标脉冲周期为 T_s，则被测信号周期 T_x 为

$$T_x = NT_s \qquad (1-7)$$

由于晶振频率 f_s 可以认为是常数，因此被测信号 T_x 正比于计数结果 N。例如，某通用计数器时标信号 T_s=0.1 μs（f_s=10 MHz），测量周期 T_x 为 1 ms 的信号，得到 $N=\dfrac{T_x}{T_s}$=10 000，则显示结果为 1 000.0 μs。

3）测量时间间隔

测量时间间隔的原理与测量周期相同。对于两个脉冲信号之间的时间间隔测量，可把两信号分别加到不同的输入通道，一个用于启动门控双稳，一个用于使门控双稳复原，其原理框图如图 1-34 所示。

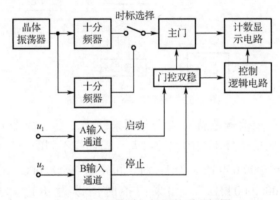

图 1-34　测量时间间隔的原理框图

图中，A 输入通道作为启动通道，B 输入通道则为停止通道。当测量同一脉冲串两相邻脉冲间隔时，需将 A、B 两通道的输入端通过开关并联起来。当测量正脉冲宽度时启动通道采用正斜率触发，停止通道采用负斜率触发。输入信号后需适当调节两通道的触发电平。

4）频率比测量

电子计数器还可以用来测量两个信号频率的比值，测量原理框图如图 1-35 所示。

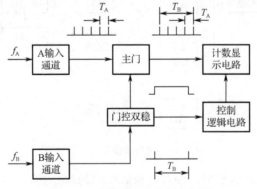

图 1-35　测量频率比的原理框图

两待测信号分别加到 A、B 输入通道。频率较低的信号 f_B 加至 B 通道，经放大、整形后用来作为门控双稳的触发信号；频率较高的信号 f_A 加至 A 通道，经整形后变成重复频率

与 f_A 相等的计数脉冲。主门的开通时间为 $T_B=1/f_B$，在该时间内对频率为 f_A 的待测信号进行计数，可得

$$N = \frac{T_B}{T_A} = \frac{f_A}{f_B} \tag{1-8}$$

即

$$f_A = \frac{N}{T_B} = Nf_B \tag{1-9}$$

5）累加计数

累加计数是指在限定的时间内，对输入的计数脉冲进行累加。其测量原理和测量频率是相同的。不过这时门控双稳须改用人工控制。其原理框图如图1-36所示。

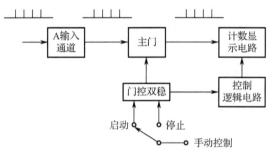

图1-36 累加计数的原理框图

将待计数脉冲接入 A 输入通道，按下"启动"按钮开始计数，到指定时间后按下"停止"按钮，这时显示数值就是累加计数结果。

6）自校

大多数电子计数器都具有自检（即自校）功能，它可以检查仪器自身的逻辑功能以及电路的工作是否正常，其原理框图如图1-37所示。

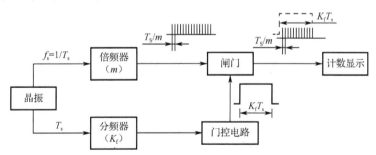

图1-37 电子计数器自校时的电路原理框图

由图可见，自检过程与测量频率的原理相似，不过自检时的计数脉冲不再是被测信号，而是晶振信号经倍频后产生的时标信号。显然，只要满足关系

$$N = \frac{K_f T_s}{\dfrac{T_s}{m}} = m \cdot K_f \tag{1-10}$$

则说明电子计数器工作正常。式中，m 为倍频系数；K_f 为分频系数。

1.2.3 E312B 型通用电子计数器

E312B 型通用电子计数器是一种频率时间测量的仪器。它以 89C52 单片机为核心进行功能转换、测量控制、数据处理和显示等。它采用贴片工艺和 VFD 显示方式，使测量结果更为醒目。

扫一扫看初识 E312B 型电子计数器微视频

扫一扫看 E312B 型电子计数器操作使用教学课件

1. E312B 型电子计数器的面板

E312B 型电子计数器的面板如图 1-38 所示。

图 1-38 E312B 型电子计数器的面板

E312B 型电子计数器的面板控件功能说明见表 1-5。

表 1-5 E312B 型电子计数器的面板控件功能

序 号	名 称	照 片	功 能
1	电源开关	POWER	按键开关。按下此开关则接通整机电源，否则关断电源
2	复位按键	Reset	按下此键整机重新复位启动
3	测频率按键	FREQ 1	按下此键执行频率测量
4	测周期按键	PER 2	按下此键执行周期测量
5	自校按键	CHK 4	按下此键执行自校
6	测时间间隔按键	TI 5	按下此键执行时间间隔测量
7	测频率比按键	B/A 6	按下此键执行频率比测量
8	闸门选择按键	GATE 7	按下此键并与 〈←↑↓→〉键配合选择适当的预选闸门，并由〈#〉键确定

序　号	名　　称	照　片	功　　能
9	累计测量按键	TOT 8	按入此键进行累计测量
10	暂停按键	STOP 9	在累计时按下此键暂停计数，再按此键时在前一次计数结果的基础上继续计数
11	取样延时键	SMPL 0	按下此键与〈← ↑ ↓ →〉键配合，选择适当的延时时间，并由〈#〉键确定
12	通道电平选择键	CH	按下此键进行通道电平设定
13	确定键	#	其功能是：①测频率时确定闸门时间；②确定适当的取样延迟时间；③预置"0"电平与确定设置电平
14	CHANNEL A 触发沿选择键		按一下此键，灯亮，选择上升沿；再按一下此键，灯灭，选择下降沿
15	衰减选择键	X20/X1	按一下此键，灯亮，输入信号衰减 20 倍；再按一下此键，灯灭，输入信号不衰减
16	交、直流耦合选择键	DC/AC	按一下此键，灯亮，输入信号直流耦合；再按一下此键，灯灭，输入信号交流耦合
17	输入频段选择键	100M/10M	按一下此键，灯亮，选择 100 MHz 通道；再按一下此键，灯灭，选择 10 MHz 通道。此键仅在测量频率时使用
18	指示灯	LP	分别指示 A、B 通道电平。当使用具体通道时，应当选择衰减量，使此灯闪跳
19	共同键	COM	按一下此键，灯亮，仅从 A 通道输入信号，测量时间；再按一下此键，灯灭，A、B 两通道同时输入信号测量时间
20	A 通道输入插座		A 通道信号（0.1 Hz～100 MHz）由此输入，输入电阻 1 MΩ
21	B 通道输入插座		B 通道信号（0.1 Hz～10 MHz 10 V_{PP}）由此输入，输入阻抗 1 MΩ
22	时间电平选择键		左、右键按下，进行时间长、短的选择；上、下键按下，进行电平递增、递减选择
23	外部晶振输入指示灯	EXT REF	灯亮表示外部时钟信号输入

续表

序　号	名　　称	照　　片	功　　能
24	晶振指示灯	XTAL	灯亮表明仪器内部晶振工作
25	闸门指示灯	GATE	闸门开启时灯亮，关闭则灯灭

2. E312B 型电子计数器的操作规程

E312B 型电子计数器的操作规程见表 1-6。

扫一扫看 E312B 型电子计数器操作使用微视频

表 1-6　E312B 型电子计数器的操作规程

步　骤	内　容	备　注
1. 接通电源	按下"POWER"开关，仪器进入初始化，并显示本仪器的型号"E312B"	初始化结束后，仪器进入"CHK"状态，显示"10.000000MHz"
2. 接入信号	把被测信号接入电子计数器相应通道	
3. 进行测量	（1）频率测量：按下"FREQ"键，显示"FREQ"和"CHA"，选择"GATE"键，显示"GATE TIME"闪动，采用〈←→〉键来选择所需要的闸门时间。按一下依次为 10 ms、100 ms、1 s 和 10 s，按〈#〉键确定合适的闸门时间	仪器内部已预置"GATE=1s"。改变闸门时间，测量结果不变，但有效数字位数改变，测量精确度随之变化
	（2）周期测量：按下"PER"键，显示"PER"和"CHA"，选择"GATE"键，显示"GATE TIME"闪动，采用〈←→〉键来选择所需要的闸门时间，按〈#〉键确认	
	（3）脉冲宽度测量：按下"TI"键，显示"TI"，选择"COM"，按 CHANNEL B 中的"COM"按键，使灯亮，显示 CHA ；选择合适的触发沿，CHA 和 CHB 是连锁的，即一个是上升沿，另一个必是下降沿	建议使用 DC 耦合方式，根据测量需要设定触发电平
	（4）B/A 测量：按下"B/A"键，显示"B/A"和 CHA B ，将频率较高的信号输入 B 通道	保证 $f_B > f_A$
	（5）TOT 累加计数：按下"TOT"键，显示"TOT"和"CHA"，对通道 A 输入信号进行计数；再按"TOT"键，计数结束；结束后再按"TOT"键，从零开始重新计数。在计数过程中，按"STOP"键，计数暂停，再按"STOP"键，计数在原来计数结果的基础上重新累计	选择合适的衰减量，保证 CHANNEL A 中的 LP 灯闪跳
4. 记录测量结果	读取并记录屏幕上显示的测量结果	
5. 使用结束	关闭电源，整理附件，放置整齐	

续表

步 骤	内 容	备 注
注意事项	在进行时间间隔测量时，应进行触发电平设置，按 "CH" 键，显示 "CHA" 或 "CHB"。显示 "CHA" 表示输入 A 通道的触发电平设置，"CHB" 表示输入 B 通道的触发电平设置。按〈↑〉键，表示触发电平步进递增 30 mV；按〈↓〉键表示触发电平步进递减 30 mV。按〈#〉键，进行触发电平的选择。若设置电平指示灯亮，表示预置电平状态；若指示灯灭，则表示设置进入预置 "0" 电平状态	

3. E312B 型电子计数器的技术指标

E312B 型电子计数器的技术指标见表 1-7。

 扫一扫看 E312B 型电子计数器使用示例微视频

表 1-7 E312B 型电子计数器的技术指标

项 目	内 容
1. 功能	测频、测周、计数、频率比、自校
2. 测频范围	0.1 Hz～10 MHz
3. 测周范围	100 ns～10 s
4. 测时范围	200 ns～10 s/1 000 s
5. 灵敏度典型值	30 mV$_{rms}$（DC 输入，调节触发电平，<100 MHz）
6. 动态范围	30 mV$_{rms}$～3 V$_{rms}$（<10 MHz）；50 mV$_{rms}$～1 V$_{rms}$（≥10 MHz）
7. 输入阻抗	1 MΩ/45 pF
8. 显示	8 位 VFD 全功能显示
9. 时基	100 MHz（100 ns）恒温晶振

4. E312B 型电子计数器的内部结构与工作原理

E312B 型通用电子计数器由测量计数、微处理控制、操作键盘及显示部分组成。该仪器基本测量原理是：首先由微处理器发出预备信号，由被测信号 f_x 的上升沿触发 E 同步门、主门 E 开放，E 计数器开始对 f_x 计数；同时由时钟脉冲（f_0 为 10 MHz，周期 T_0 为 100 ns）的上升沿触发 T 同步门、主门 T 开放，T 计数器对 f_0 计数。当 T 计数器累计到了预定闸门时间所需的脉冲个数（$N_t = T/100$ ns）时，微机发出解除预备信号，在紧接着来的被测信号的上升沿作用下，E 同步门关闭，E 计数器停止计数，此时 E 计数器累计 N_e 个脉冲，同时 T 同步门在紧接着来的时钟脉冲作用下而关闭，测量结束转而由微机进行取数、数据处理和显示。测量时逻辑关系图如图 1-39 所示。

实际意义的闸门时间即测量时间 T 总要比预定闸门时间长一些，以保证获得被测信号周期的整数倍，这是该仪器不同于普通计数器的特点之一。频率周期测量时，从上面的测量结果看出，在测量时间 T 内，E 计数器累计了 $N_e = T/T_x = f_x \cdot T$ 个被测信号脉冲，T 计数器累计了 $N_t = f_0 \cdot T$ 个钟脉冲（其中 f_x 为被测信号频率，f_0 为时钟脉冲频率），由运算部件计算出

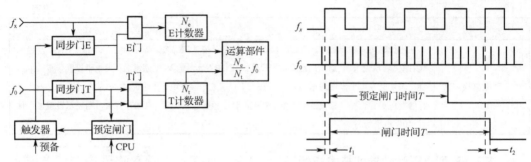

图 1-39　E312B 测量时逻辑关系图

$$f_x = \frac{N_e}{N_t} \cdot f_0 \quad \text{或} \quad T_x = \frac{N_t}{N_e} \cdot T_0 \tag{1-11}$$

并通过显示部件显示出来。由前述可知：该仪器频率、周期测量原理完全相同，区别在于微机从 N 计数器、T 计数器中取出数据，对数据的处理方法不同而已。如上所述，每次测量闸门时间 T 总是被测信号周期的整数倍，消除了普通计数器测频时±1 个被测信号周期的量化误差。

扫一扫看 E312B 型电子计数器技能实训 pptx 微视频

技能实训 1　电子计数器的使用

1. 实训目的

（1）熟悉 E312B 型通用计数器面板装置及其操作方法。
（2）掌握用 E312B 型通用计数器测量信号的频率、频率比。
（3）掌握用 E312B 型通用计数器测量周期、时间间隔。
（4）掌握用 E312B 型通用计数器进行累加计数。

2. 实训器材

（1）E312B 型通用计数器　　　　　　1 台。
（2）DG1022 型函数信号源　　　　　　1 台。

3. 实训内容及步骤

按照 E312B 型电子计数器的操作规程，进行以下实训内容。

1）仪器自检
按"CHK"键，观察屏幕显示"10.000 000 MHz"，仪器自检通过。

2）测量频率
用函数信号源产生一个频率为 130 kHz 的方波信号，改变电子计数器的闸门时间进行该信号的频率测量，测量结果填入表 1-8 中。

表 1-8　测量频率

闸门时间	10 ms	100 ms	1 s	10 s
被测信号频率				

3）测量周期

用函数信号源产生一个频率为 130 kHz 的方波信号，改变电子计数器的闸门时间进行该信号的周期测量，测量结果填入表 1-9 中。

表 1-9　测量周期

闸门时间	10 ms	100 ms	1 s	10 s
被测信号周期				

4）测量脉宽

用函数信号源产生两个频率为 130 kHz、50 kHz 的方波信号，电子计数器的闸门时间选择为 10 s，分别对两个信号进行脉宽测量，测量结果填入表 1-10 中。

表 1-10　测量脉宽

被测信号频率	脉　宽
130 kHz	
50 kHz	

5）B/A 测量

用函数信号源产生两个频率为 140 kHz、70 kHz 的方波信号。电子计数器的闸门时间选择为 10 ms，确定这两个信号分别从哪个通道送入，并测量这两个信号的频率比。将测量结果填入表 1-11 中。

表 1-11　B/A 测量

f_A	f_B	f_B/f_A

6）TOT 累加计数

用函数信号源产生频率为 10 Hz 的方波信号，送入电子计数器的 A 通道，按一下"TOT"键，仪器开始累加计数。比较"TOT"和"STOP"两按键在累加计数过程中的作用有何不同。

4．实训小结

（1）完整记录实训内容与实训结果。

（2）记录实训过程中遇到的问题并进行分析，写出心得体会，结合电子计数器工作原理分析实训内容中出现各种现象的原因。

1.2.4　测量方案与测量误差

扫一扫看电子测量误差教学课件

1．测量方案的制定

1）测量任务的分析

在受理了测量任务之后，第一件工作就是要对该任务进行详尽的分析。要分清楚所要进行的是电量测量，还是非电量测量；是简单的直接测量，还是复杂的组合测量；是时间

域测量、频率域测量，还是调制域测量；是低频测量，还是高频测量。此外，还要进一步分析该测量对实时性、准确度的具体要求。

2）测量仪器的选择

电子测量仪器是完成电子测量任务的基本工具。当测量任务与方法确定以后，十分重要的工作就是选择测量仪表。在具体的选择过程中要注意两方面的问题：一是测试功能的针对性，二是测量精度符合要求。

3）测量环境的准备

任何测量都是有条件的测量。测量环境主要包括测量设备工作的温度、湿度、压力、供电电源的频率、幅度、平稳性等。有些对电磁干扰比较敏感的测量，要在电磁屏蔽室里进行。另外有些测量，如产品的可靠性测量，要在特定条件下长时间地连续进行。

4）测量方法的选择

采用正确的测量方法，可以得到比较精确的测量结果，否则会出现测量数据不准确或错误，甚至会出现损坏测量仪器或损坏被测设备和元件等现象。例如，用万用表的 R×1 挡测量小功率三极管的发射结电阻时，由于仪表的内阻很小，使三极管基极注入的电流过大，结果晶体管尚未使用就可能在测试过程中被损坏。在选择测量方法时，应首先考虑被测量本身的特性、所处的环境条件、所需要的精确程度以及所具有的测量设备等因素，综合考虑后正确地选择测量方法、测量设备并编制合理的测量程序，才能顺利地得到正确的测量结果。

5）测量系统的建立

实际的测量，可以由一台仪器去测试一个或多个参数，也可以由多台仪器相互配合去测量一个过程的多个参数。现代电子测量更多的是将带有接口的程控仪器和被测对象、通用计算机组成测量系统。

6）测量流程的设定

用单一仪器进行单一参数的测量，往往按仪器的技术规范进行操作。对于较为复杂的测量，特别是一些非标准和非常规的测量，在确定测量方案时，要制定具体的操作步骤、方法，形成测量程序，也称操作定义，以书面的形式，让实际测量者在测量时严格照章执行。

2. 测量误差的表示与来源

测量的目的就是希望获得被测量的实际大小即真值。所谓真值，就是在一定的时间和环境的条件下，被测量本身所具有的真实数值。实际上，由于测量设备、测量方法、测量环境和测量人员的素质等条件的限制，测量所得到的结果与被测量的真值之间会有差异，这个差异就称为测量误差。

1）测量误差的表示方法

测量误差有两种表示方法：绝对误差和相对误差。

（1）绝对误差：由测量所得到的测量值 x 与被测量的真值 A_0 之差，称为绝对误差，用 Δx 表示，即

$$\Delta x = x - A_0 \tag{1-12}$$

这里说的测量值，是指测量仪器的读数装置所指示出来的被测量的数值，所以也称为

示值。真值是一个理想的概念，一般来说，是无法精确得到的。因此，实际应用中通常用实际值 A 来代替真值 A_0。实际值是根据测量误差的要求，用高级别的标准仪器测量所得之值，这时绝对误差可按下式计算：

$$\Delta x = x - A \tag{1-13}$$

与绝对误差的绝对值大小相等，但符号相反的量值，称为修正值，用 C 表示。

$$C = -\Delta x = A - x \tag{1-14}$$

对测量仪器进行定期检定时，用标准仪器与受检仪器相比对，以表格、曲线或公式的形式给出受检仪器的修正值。在日常测量中，使用该受检仪器测量所得到的结果应加上修正值，以求得被测量的实际值，即

$$A = x + C \tag{1-15}$$

（2）相对误差：绝对误差虽然可以说明测量结果偏离实际值的情况，但不能确切反映测量的准确程度。相对误差定义为绝对误差与被测量的真值之比，用 γ 表示。

$$\gamma = \frac{\Delta x}{A_0} \times 100\% \tag{1-16}$$

① 实际相对误差：由于真值是难以确切得到的，通常用实际值 A 代替真值 A_0 来表示相对误差，称为实际相对误差，用 γ_A 来表示：

$$\gamma_A = \frac{\Delta x}{A} \times 100\% \tag{1-17}$$

② 示值相对误差：在误差较小、要求不大严格的场合，也可用测量值 x 代替实际值 A，由此得出示值相对误差，用 γ_x 来表示：

$$\gamma_x = \frac{\Delta x}{x} \times 100\% \tag{1-18}$$

③ 满度相对误差：经常用绝对误差与仪器满刻度值 x_m 之比来表示相对误差，称为满度相对误差（或称引用相对误差），用 γ_m 表示：

$$\gamma_m = \frac{\Delta x}{x_m} \times 100\% \tag{1-19}$$

测量仪器使用最大满度相对误差来表示它的准确度，这时有

$$\gamma_{mm} = \frac{\Delta x_m}{x_m} \times 100\% \tag{1-20}$$

式中，Δx_m 为仪器在该量程范围内出现的最大绝对误差；x_m 为满刻度值；γ_{mm} 为仪器在工作条件下不应超过的最大相对误差，它反映了该仪表综合误差的大小。

电工测量仪表按 γ_{mm} 值分 0.1、0.2、0.5、1.0、1.5、2.5、5.0 七个准确度等级。1.0 级表示该仪表的最大满度相对误差不会超过±1.0%。准确度等级常用符号 S 表示，即有

$$S\% = \gamma_{mm} \tag{1-21}$$

由式（1-20）可知，测量的绝对误差满足

$$\Delta x \le x_m \cdot S\% \tag{1-22}$$

将式（1-22）两边同除 x，则有

$$\gamma_x \le \frac{x_m \cdot S\%}{x} \tag{1-23}$$

测量中总是满足 $x \leq x_m$，可见当仪表的准确度等级确定后，x 越接近 x_m，测量的示值相对误差越小，测量准确度越高。因此，在测量中选择仪表量程时，应使指针尽量接近满偏转，一般最好指示在满度值的 2/3 以上的区域。应该注意，这个结论只适用于正向线性刻度的电压表、电流表等类型的仪表。而对于反向刻度的仪表，即随着被测量数值增大而指针偏转角度变小的仪表，如万用表的欧姆挡，由于在设计或检定仪表时均以中值电阻为基准，故在使用这类仪表进行测量时应尽可能使表针指在中心位置附近区域，因为此时测量准确度最高。

【实例 1-6】 某待测电压约为 100 V，现有 0.5 级量程为 400 V 和 1.5 级量程为 100 V 的两块电压表，请问用哪块表测量比较合适？

解： 若用 0.5 级量程为 400 V 的电压表测 100 V，则测量的最大相对误差为

$$\gamma_{x1} = \frac{x_m}{x} \times S\% = \frac{400}{100} \times 0.5\% = 2\%$$

1.5 级量程为 100 V 的电压表测量时的最大相对误差为

$$\gamma_{x2} = \frac{x_m}{x} \times S\% = \frac{100}{100} \times 1.5\% = 1.5\%$$

显然，应选用 1.5 级量程为 100 V 的电压表测量。由此例可见，测量中应根据被测量的大小，合理选择仪表量程，不要单纯追求高等级的仪表。

2）测量误差的分类

根据性质，可将测量误差分为系统误差、随机误差和疏失误差。

（1）系统误差：在一定的条件下，数值（大小及符号）保持恒定或按照一定的规律变化的误差称为系统误差。系统误差决定了测量的准确度。系统误差越小，测量结果越准确。对于系统误差，在测量前应细心做好准备工作，检查所有可能产生系统误差的来源，并设法消除；或决定它的大小，在测量中采用适当的方法或引入修正值加以抵消或削弱。

（2）随机误差：在相同条件下进行多次测量，每次测量结果出现无规律的随机变化的误差称为随机误差或偶然误差。随机误差反映了测量结果的精密度。随机误差越小，测量精密度越高。随机误差和系统误差共同决定测量结果的精确度，要使测量的精确度高，两者的值都要求很小。对于随机误差，可在相同条件下进行多次测量，对测量结果求平均值来减小它的影响。

（3）疏失误差：指在一定条件下，测量值明显偏离实际值时所对应的误差。疏失误差又称粗大误差。疏失误差是由于读数错误、记录错误、操作不正确、测量中的失误及有不能允许的干扰等原因造成的误差。对于含有疏失误差的测量值，一经确认，应首先予以剔除。

3）测量误差的来源

（1）仪器误差：由于仪器本身及其附件的电气和机械性能不完善而引入的误差称为仪器误差。仪器仪表的零点漂移、刻度不准确和非线性等引起的误差，以及数字式仪表的量化误差都属于此类。

（2）使用误差：由于仪器的安装、布置、调节和校正不当等所造成的误差。如把要求水平放置的仪器垂直放置、接线太长、未装阻抗匹配连接线、接地不当等都会产生使用误差。

（3）环境误差：由于温度、湿度、电源电压、电磁场等各种环境因素与仪器仪表要求的条件不一致而引起的误差。

（4）人身误差：由于测量者的分辨能力、工作习惯和身体素质等原因引起的误差。某些借

助人耳、人眼来判断结果的测量,以及需要进行人工调整等的测量工作,均会产生人身误差。

(5)方法和理论误差:由于测量方法或者仪器仪表选择不当所造成的误差称为方法误差,如用低内阻的万用表测量高内阻电路的电压时所引起的误差就属于此类。测量时,依据的理论不严格或者应用近似公式等造成的误差称为理论误差。

3. 数据舍入规则

由于测量误差不可避免,所以通常得到的测量数据均是近似数,其位数各不相同。为了使测量结果的表示准确唯一和简便计算,在数据处理时,需对测量数据进行修约处理。测量数据中超过保留位数的数字应予删略。删略的原则是"四舍五入",其具体规则如下:

(1)大于 5 的数,在舍去其及以后所有数字的同时将前一位数字加 1。

(2)小于 5 的数,舍去其及以后所有数字。

(3)等于 5 的数,分两种情况:①5 后面有不为 0 的数字,则在舍去其及以后所有数字的同时将前一位数字加 1;②5 后面没有不为 0 的数字,则在舍去其及以后所有数字的同时将前一位数字原来为奇数的加 1 变为偶数;原来为偶数的则保持不变。

上面的舍入规则可概括为"小于 5 舍,大于 5 入,等于 5 求偶"。

【实例 1-7】 将下列数据保留四位有效数字。

　　　12.434 4　　63.735 01　25.325 0　17.695 5

解:12.434 4→12.43　　　　63.735 01→63.74

　　25.325 0→25.32　　　　17.695 5→17.70

计划决策　信号源频率准确度的测试

用电子计数器测试信号源频率准确度——计划工作单		
准备	1. 资料准备:查阅相关资料,掌握电子计数器相关知识; 2. 查阅电子计数器的使用说明书; 3. 列出疑难问题,小组讨论、咨询老师	
测量仪器连接图		
测量内容与步骤	序　号	测 试 步 骤
	1	
	2	
	3	
	4	
签名	日期	

任务实施　信号源频率准确度的测试

用电子计数器测试信号源频率准确度——实施工作单	
实训前准备	1. 整理工作台； 2. 布置、摆放仪器和实验设备

仪器检查	仪器设备名称	完好情况
	1. 电子计数器	

被测设备检查	1. 函数信号源	

用电子计数器测试信号源频率准确度

测量数据记录	信号源输出信号频率	10 Hz	100 Hz	1 kHz	10 kHz	100 kHz
	E312B 型计数器测量值					
	频率准确度					

收获体会	

签名	测试员		日期		检验员		日期

检查评价　信号源频率准确度的测试

评 价 项 目	评 价 内 容		得　　分	总　　分
过程评价（50%）	社会能力（10%）	职业道德		
		协作沟通		
	方法能力（10%）	学习能力		
		计划能力		
	专业能力（30%）	仪器检查能力		
		测试系统组建		
		仪器操作能力		
终结评价（50%）	测量结果（30%）	数据正确性		
		数据分析		
		处理能力		
	测试报告（20%）	格式规范性		
		书写认真性		
学生签名	日期		教师签名	日期

项目总结

信号源是最常用的电子测量仪器之一。本项目以信号源作为测量载体，引出了电子计数器。

1. 信号源的技术指标有频率、幅度、频率准确度、失真度等。常用的有函数信号源、DDS 信号源等。

2. 电子计数器可以测量信号的频率、周期、时间间隔、频率比等。

3. 通过本项目的训练，学生可以提升自己的电子测量职业岗位能力。

思考与练习 1

1. 信号源的用途是什么？信号源的技术指标有哪些？

2. 函数信号源能输出哪些波形？DDS 信号源的特点有哪些？

3. 电子计数器的测量功能有哪些？

4. 电子计数器如何测量脉宽？

 扫一扫看信号源习题及答案

 扫一扫看电子计数器习题及答案

项目2

直流稳压电源技术指标的测试

教学导航

教	重点	1. 数字万用表的原理与使用
		2. 数字示波器的原理与使用
	难点	1. 数字万用表的工作原理
		2. 数字示波器的工作原理
	教学方式	行动导向教学法
	建议学时	14 课时
学	学习方法	做中学
	应该掌握的理论知识	数字万用表、数字示波器的工作原理
	必须掌握的技能	数字万用表、数字示波器的操作使用

任务2.1 稳压电源源效应和负载效应的测试

在电子电路中，通常都需要稳定的直流电源供电。电子设备内部大多安装有整流稳压装置，用以将供电电网提供的交流电变成稳定的直流电，供电子设备使用。直流稳定电源分为稳压电源和稳流电源两种，实用中以稳压电源为主，主要包括直流基准源、线性直流稳定电源和开关式直流稳定电源等。直流稳压电源的功能：当电网电压波动或负载改变时，能保持输出直流电压基本不变。任何一种电子产品，电源电路都是必不可少的。电源的好坏直接影响着整个系统能否安全、正常、可靠地运行。

任务工作单

稳压电源源效应和负载效应的测试——任务工作单		
测试内容与要求	1. 测量电源的源效应、负载效应； 2. 拟定测量方案，完成测量任务	
测试仪表	名　称	型　号
	数字万用表	UT58A
测试设备	调压器 滑线变阻器	STG-2
注意事项	1. 仪器安全操作； 2. 测量方法的正确性； 3. 注意人身安全	

2.1.1 稳压电源与直流电源

扫一扫看源效应和负载效应的测量操作示范教学课件

1. 稳压电源的种类

（1）线性直流稳压电源。线性直流稳压电源由以下过程实现：通过电源变压器将电网220 V 的电压变为所需要的交流电压值；经过整流电路将经变压后的交流电压变成脉动的直流电压；采用滤波电路滤除脉动的直流电压中含有的纹波，得到平滑的直流电压；这种电压仍会随着电网电压的波动、负载和温度的变化而变化，还需要稳压电路来抑制这种变化，使输出直流电压维持稳定。

直流稳压电源的组成框图如图 2-1 所示。

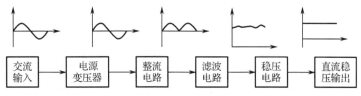

图 2-1　直流稳压电源的组成框图

（2）直流开关稳压电源。线性直流稳压电源功耗大、效率低，通常不适合于大电流或输入、输出电压相差大的情况，应用十分不便。为此，人们提出了开关电源的思想，并成功地应用于稳压电源的设计制造中。与线性电源相比，开关电源最突出的优点在于效率高、功耗低，而且效率不随输入电压的升高而降低，开关电源通常不需要大散热器，体积较小，特别在高压大功率应用中，这些优点尤其突出。开关电源的缺点是：具有较大的纹波，稳压性能不如线性电源，且存在随机的尖峰，对其供电的系统或设备易形成瞬间强干扰，严重时会导致设备工作异常。

2. 恒流恒压电源简介

一个直流电源有两种工作状态：一种是恒压状态，按照恒压电源的特征工作；另外一种是恒流状态，按照恒流电源的特征工作。这种电源内部有两个控制单元，一个是稳压控制单元，在负载发生变化的情况下，努力使输出电压保持稳定，前提是输出电流必须小于预先设定的恒流值。实际上在恒压状态时，恒流控制单元处于休止状态，它不干扰输出电压和输出电流。当由于负载电阻逐步减小，使得负载电流增加到预先设定的恒流值时，恒流控制单元开始工作，它的任务是在负载电阻继续减小的情况下，努力使输出电流按预定的恒流值保持不变，为此需要使输出电压随着负载电阻的减小而降低。在极端情况下，负载电阻阻值降为零（短路状态），输出电压也随之降到零，以保持输出电流的恒定。这些都是恒流部件的功能，在恒流部件工作时，恒压部件也处于休止状态，它不再干预输出电压的高低。这种既具有恒压控制部件，又具有恒流控制部件的电源就称为恒压恒流电源。

3. 直流电源的源效应

稳定电源的输出量并不是绝对不变的，例如，当稳定电源工作在稳压状态时，其输出电压会由于输入电压或负载的变化而引起输出电压微小的变化；当稳定电源处于恒流工作状态时，其输出电流也会由于输入电压或负载的变化而发生微小的变化。为了衡量这种变化的程度，即衡量一个稳定电源的稳定度，国际电工委员会（IEC）在制定稳定电源标准时引出源效应和负载效应的概念。

源效应是指仅当由于输入量的变化而引起输出稳定量的变化的效应。

对于一个普通的稳压电源来说，输入量就是指输入电压，即交流 220 V 工频电压。我国国家标准规定，当输入电压变化±10%时，输出电压变化的相对百分比即为源效应。

例如，一个输出电压为 100 V 的稳压电源，若由于输入电压的变化而引起输出电压变化的具体数值如表 2-1 所示，则该稳压电源的源效应为

表 2-1 稳压电源源效应测量数据

输入电压（AC）	输出电压（DC）
220 V（标准值）	100 V
242 V（变化+10%）	100.1 V
198 V（变化−10%）	99.9 V

$$\frac{|\Delta U_\circ|}{U_\circ} \times 100\% = \frac{|100.1 - 100|}{100} \times 100\% = 0.1\% \qquad (2\text{-}1)$$

或为

$$\frac{|\Delta U_o|}{U_o} \times 100\% = \frac{|99.9-100|}{100} \times 100\% = 0.1\% \qquad (2\text{-}2)$$

从上式可以看出，这个稳压电源在它输出电压为 100 V 时的源效应为 0.1%，即当输入电压变化 10% 时，输出电压变化千分之一。

☞**注意**：在测量源效应时，应保持稳压电源的负载不变。

稳压电源源效应测量示意图如图 2-2 所示。

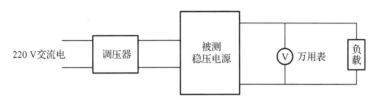

图 2-2　源效应测量示意图

4. 直流电源的负载效应

负载效应是指仅当由于负载的变化而引起输出稳定量的变化的效应。

举例说明：一个处于稳压工作状态的电源，其空载输出电压为 100 V，电源最大负载能力为 5 A，若其空载与满载时输出电压的变化量如表 2-2 所示，则该稳压电源的负载效应为

表 2-2　稳压电源负载效应测量数据

负 载 电 流	输 出 电 压
0 A（空载）	100 V
5 A（满载）	99.7 V

$$\frac{|\Delta U_o|}{U_o} \times 100\% = \frac{|99.7-100|}{100} \times 100\% = 0.3\% \qquad (2\text{-}3)$$

即电源工作在 100 V 时，其负载效应为 0.3%。

☞**注意**：在测量负载效应时，应使稳压电源的输入电压保持在标准值 220 V 不变。

稳压电源负载效应测量示意图如图 2-3 所示。

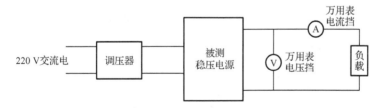

图 2-3　负载效应测量示意图

扫一扫看数字万用表结构及工作原理教学课件

2.1.2　数字万用表的技术指标与工作原理

数字万用表（Digital Multimeter，DMM）是电子工程师常用的检测电子元器件的工具。

电子元件主要指电阻器、电容器和电感器；电子器件主要指半导体分立器件、集成电路及电真空器件。电子元器件是最基本的电子产品，是构成电子整机、系统的基础，它们的性能优劣直接影响电子设备的质量。

1. 数字万用表的种类和技术指标

数字万用表一般具有电阻测量、电压测量、电流测量、通断声响检测、二极管正向导通电压测量、晶体管放大倍数测量等功能。有些数字万用表还增加了电容容量测量、频率测量、温度测量等功能。

1）数字万用表的种类

扫一扫看数字万用表结构及测量原理微视频

数字万用表按便携性分为手持式和台式两种，如图 2-4 所示。

（a）手持式 　　　　　　　　（b）台式

图 2-4　数字万用表

2）数字万用表的主要技术指标

（1）显示位数：数字万用表的显示位数通常为 $3\frac{1}{2}$ 位～$8\frac{1}{2}$ 位。普及型数字万用表一般属于 $3\frac{1}{2}$ 位显示的手持式万用表，$6\frac{1}{2}$ 位以上大多属于台式数字万用表。

（2）准确度：它表示测量值与真值的一致程度，也反映测量误差的大小。数字万用表的准确度远优于模拟指针万用表。以测量直流电压的基本量程的准确度指标为例，$3\frac{1}{2}$ 位可达到±0.5%。

（3）分辨力：数字万用表在最低电压量程上末位 1 个字所对应的电压值，称作分辨力。它反映出仪表灵敏度的高低。例如，$3\frac{1}{2}$ 位万用表的分辨力为 100 μV。

（4）测量范围：在数字万用表中，不同功能均有其对应的可以测量的最大值和最小值。例如，$4\frac{1}{2}$ 位万用表直流电压挡的测量范围是 0.01 mV～1 000 V。

（5）测量速率：数字万用表每秒钟对被测电量的测量次数称为测量速率，其单位是"次/s"。它主要取决于 A/D 转换器的转换速率。

（6）输入阻抗：测量电压时，仪表应具有很高的输入阻抗，这样在测量过程中从被测电路中吸取的电流极少，不会影响被测电路或信号源的工作状态，能够减小测量误差。例如，$3\frac{1}{2}$ 位手持式数字万用表的直流电压挡输入电阻一般为 10 MΩ。交流电压挡受输入电容的影响，其输入阻抗一般低于直流电压挡。

测量电流时，仪表应该具有很低的输入阻抗，这样接入被测电路后，可尽量减小仪

对被测电路的影响，但是在使用万用表电流挡时，由于输入阻抗较小，所以较容易烧坏仪表，在使用时应予注意。

2. 数字万用表的内部结构与工作原理

数字万用表是一种多用途、多量程的仪表，它是在直流数字式电压表前端配接相应的交流-直流变换器（AC/DC）、电流-电压转换电路（I/V）、电阻-电压转换电路（Ω/V）等构成的，其内部原理框图如图 2-5 所示。

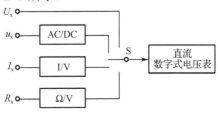

图 2-5 数字万用表内部原理框图

数字万用表的基本测量原理是在测量时先把被测量通过不同的转换器转换成直流电压，然后再用数字电压表进行电压测量，从而得到被测量的数值。因此说数字万用表的核心是直流数字电压表。

2.1.3 VC890C+型数字万用表

VC890C+是 $3\frac{1}{2}$ 位数字万用表，它是一种性能稳定、可靠性高、手持式数字万用表。其整机电路设计以大规模集成电路、双积分 A/D 转换器为核心并配以全功能过载保护，可用来测量直流和交流电压、直流和交流电流、电阻、电容、二极管、温度、晶体管 h_{FE} 等参数。

1. VC890C+型数字万用表的面板

VC890C+型数字万用表的面板如图 2-6 所示。

扫一扫看 VC890C+
型数字万用表操作
使用教学课件

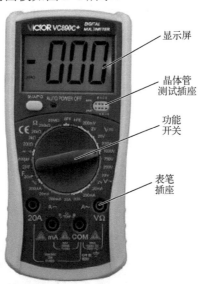

图 2-6 VC890C+型数字万用表的面板

2. VC890C+型数字万用表操作规程

VC890C+型数字万用表操作规程如表 2-3 所示。

扫一扫看 VC890C+
型数字万用表操作
使用微视频

表 2-3 VC890C+型数字万用表操作规程

步 骤	内 容	备 注
1. 准备工作	测试之前，功能开关应置于所需要的量程	如果电池电压不足，"⊟"将显示在显示器上，这时则需更换电池；测试笔插孔旁边的"⚠"符号，表示输入电压或电流不应超过显示值，这是为了保护内部线路免受损坏
2. 直流电压测量	（1）将黑色笔插入 COM 插孔，红表笔插入 V 插孔。 （2）将功能开关置于 V⎓ 量程范围，并将测试表笔并接到待测电源或负载上，红表笔所接端子的极性将同时显示	* 如果不知道被测电压范围，将功能开关置于最大量程并逐渐下调。 * 如果显示器只显示 1，表示过量程，功能开关置于更高量程。 * 不要输入高于 1 000 V 的电压，显示更高的电压值是可能的，但有损坏内部线路的危险。 * "⚠"表示当测量高电压时要格外注意避免触电
3. 交流电压测量	（1）将黑表笔插入 COM 插孔，红表笔插入 V 插孔。 （2）将功能开关置于 V～量程范围，并将测试表笔并接到待测电源或负载上	* 不要输入高于 750 V 有效值的电压，其他注意事项同直流电压测量
4. 直流电流测量	（1）将黑表笔插入 COM 插孔，当测量最大值为 200 mA 以下的电流时，红表笔插入 mA 插孔；当测量最大值为 20 A（10 A）的电流时，红表笔插入 A 插孔。 （2）将功能开关置于 A⎓ 量程，并将测试表笔串联接入到待测负载回路里，电流值显示的同时，将显示红表笔的极性	* 如果使用前不知道被测电流范围，将功能开关置于最大的量程并逐渐下调。 * 如果显示器只显示 1，表示过量程，功能开关置于更高量程。 * "⚠"表示最大输入电流为 200 mA，过量的电流将烧坏熔丝，应及时更换，20 A 量程无熔丝保护
5. 交流电流测量	（1）将黑表笔插入 COM 插孔，当测量最大值为 200 mA 以下的电流时，红表笔插入 mA 插孔；当测量最大值为 20 A（10 A）的电流时，红表笔插入 A 插孔。 （2）将功能开关置于 A～量程，并将测试表笔串联接入到待测负载回路里	* 如果使用前不知道被测电流范围，将功能开关置于最大的量程并逐渐下调。 * 如果显示器只显示 1，表示过量程，功能开关置于更高量程。 * "⚠"表示最大输入电流为 200 mA，过量的电流将烧坏熔丝，应及时更换，20 A 量程无熔丝保护
6. 电阻测量	（1）将黑表笔插入 COM 插孔，红表笔插入 Ω 插孔。 （2）将功能开关置于 Ω 量程，将测试表笔并接到待测电阻上	* 如果被测电阻值超出所选择量程的最大值，将显示过量程 1，应选择更高的量程，对于大于 1 MΩ 或更高的电阻，要几秒钟后读数才能稳定，对于高阻值读数这是正常的。 * 当无输入时，如开路情况，仪表显示为 1
7. 电容测量	（1）将红表笔插入 COM 插孔，黑表笔插入 mA 插孔。 （2）将量程开关转至相应电容量程上，表笔对应极性接入被测电容	* 如果被测电容值超出所选择量程的最大值，将显示过量程 1，应选择更高的量程。 * 仪器本身虽然对电容挡设置了保护，但仍须将待测电容先放电然后进行测试，以防损坏本表或引起测量误差

续表

步　骤	内　容	备　注
7. 电容测量	（1）将红表笔插入 COM 插孔，黑表笔插入 mA 插孔。 （2）② 将量程开关转至相应电容量程上，表笔对应极性接入被测电容	* 连接待测电容之前，注意每次转换量程时复零需要时间，有漂移读数存在不会影响测试精度。 * 测量大电容时稳定读数需要一定的时间
8. 温度测量	测量温度时，将热电偶传感的冷端（自由端）负极插入 mA 测试插孔中，正极插入 COM 插孔中，热电偶的工作端（测温端）置于待测物上面或内部，可直接从显示器上读数，其单位为℃	* 红色插头为正极性，黑色插头为负极性
9. 二极管测试及蜂鸣通断测试	（1）黑表笔插入 COM 插孔，红表笔插入 VΩ插孔（红表笔极性为+），将功能开关置于" ➤⊢、•))）"挡，并将表笔连接到待测二极管上，读数为二极管正向压降的近似值。 （2）将表笔连接到待测线路的两端，如果两端之间电阻值低于约 70 Ω，内置蜂鸣器发声	
10. 晶体管 h_{FE} 测试	（1）将功能开关置于 h_{FE} 量程。 （2）确定晶体管是 NPN 型还是 PNP 型，将基极、发射极和集电极分别插入面板上相应的插孔。 （3）显示器上将显示 h_{FE} 的近似值，测试条件：$I_b \approx 10\ \mu A$，$V_{ce} \approx 2.8\ V$	扫一扫看数字万用表测三极管微视频
11. 结束	将功能开关转至"OFF"	
注意事项	（1）不要在功能开关处于电流挡位、Ω和" ➤⊢、•))）"位置时，将电压源接入。 （2）数字万用表的红表笔接内部电源的正极，黑表笔接内部电源的负极，这与指针式万用表相反	

3. VC890C+型数字万用表的技术指标

VC890C+型数字万用表的技术指标如表 2-4 所示。

扫一扫看 VC890C+型数字万用表基础微视频

表 2-4 VC890C+型数字万用表的技术指标

功　能		量　程	基本准确度
基本功能	直流电压	200 mV/2 V/20 V/200 V/1 000 V	±（0.5%+3）
	交流电压	2 V/20 V/200 V/750 V	±（0.8%+5）
	直流电流	200 μA/20 mA /200 mA/20 A	±（0.8%+10）
	交流电流	20 mA/200 mA/20 A	±（1.0%+15）
	电阻	200 Ω/2 kΩ/20 kΩ/200 kΩ/20 MΩ	±（0.8%+3）
	电容	20 nF/2 μF/200 μF	±（2.5%+20）
	温度	−20～1 000 ℃	±（1.0%+5）

续表

功 能		量 程	基本准确度
特殊功能	二极管测试	√	
	晶体管测试	√	
	通断报警	√	
	低电压显示	√	
	自动关机	√	
其他	输入阻抗	10 MΩ	
	采样频率	3 次/s	
	交流频响	40～400 Hz	
	操作方式	手动量程	
	最大显示	1 999	
	液晶显示	61 mm×36 mm	
	电源	9 V（6F22）	

技能实训 2　数字万用表的使用

扫一扫看 VC890C+
型数字万用表技能
实训教学课件

1. 实训目的

（1）会使用 VC890C+型数字万用表。

（2）会用 VC890C+型数字万用表测试电子元器件。

2. 实训器材

（1）VC890C+数字万用表　　　　1 台。

（2）电子元器件　　　　　　　　若干。

3. 实训内容及步骤

1）电阻测量

根据电阻的色环读出其大小，选择数字万用表合适的电阻量程，将测量结果填入表 2-5 中。

表 2-5　电阻测量

电 阻	标 称 值	万用表挡位	万用表测量值	误差（%）
1				
2				

2）二极管测量

用数字万用表的二极管挡测量。当红表笔接"+"，黑表笔接"-"时，二极管正向导通，显示 PN 结压降（硅：0.5～0.7 V，锗：0.2～0.3 V），反之二极管截止，首位显示为"1"。将测量结果填入表 2-6 中。

表 2-6　二极管测量

二　极　管	型　号	外　形　图	万用表测量结果
1			
2			

3）三极管测量

（1）用数字万用表的二极管挡先找到基极。当二极管正向导通时，红表笔接基极的三极管是 NPN 型三极管，黑表笔接基极的三极管是 PNP 型三极管。

（2）测量放大倍数，判别集电极和发射极。将万用表的功能开关置于 h_{FE} 挡。将 PNP 型或 NPN 型晶体管对号插入测试孔中。基极插入 B 孔中，其余两个引脚随意插入，若放大倍数较大，则集电极和发射极插入正确。将测量结果填入表 2-7 中。

表 2-7　三极管测量

三　极　管	型　号	材　　料	h_{FE}	引脚判断 （画图标出电极）
1				
2				

4）直流电压测量

将数字万用表的功能开关旋至直流电压挡，测稳压电源输出电压。将测量结果填入表 2-8 中。

表 2-8　稳压电源输出电压测量

	稳压电源输出电压	万用表测量结果
1	5 V	
2	10 V	

5）交流电压测量

将数字万用表的功能开关旋到交流电压挡，测市电电压。单手操作，注意安全。将测量结果填入表 2-9 中。

表 2-9　交流电压测量

	万用表测量结果
1	
2	

6）电容测量

将数字万用表的功能开关旋到电容测量挡，测量电容容量。电解电容须先放电再测量。将测量结果填入表2-10中。

表2-10　电容测量

	万用表测量结果
1	
2	

4. 实训小结

（1）记录实施过程中遇到的问题并进行分析。

（2）写出你的收获和反思。

计划决策　稳压电源源效应和负载效应的测试

稳压电源源效应和负载效应的测试——计划工作单		
准备	1. 资料准备：查阅相关资料，掌握电源相关知识； 2. 查阅数字万用表的使用说明书； 3. 列出疑难问题，小组讨论、咨询老师	
测量仪器连接图		
测量内容与步骤	序　号	测试步骤
	1	
	2	
	3	
	4	
签名		日期

任务实施　稳压电源源效应和负载效应的测试

稳压电源源效应和负载效应的测试——实施工作单		
实训前准备	1. 整理工作台； 2. 布置、摆放仪器和实验设备	
仪器检查	仪器设备名称	完好情况
	1. 数字万用表	
	2. 调压器	
被测设备检查	外观检查	
	通电检查	
测量数据记录		
收获体会		

签名	测试员	日期	检验员	日期

检查评价 稳压电源源效应和负载效应的测试

稳压电源源效应和负载效应的测试——评价工作单			
评 价 项 目	评 价 内 容		得 分	总 分
过程评价（50%）	素质目标（10%）	职业道德 协作沟通		
	知识目标（10%）	仪器知识 使用方法		
	能力目标（30%）	测试系统组建 仪器操作能力		
终结评价（50%）	测量结果（30%）	数据正确性 数据分析 处理能力		
	测试报告（20%）	格式规范性 书写认真性		
学生签名	日期		教师签名	日期

任务 2.2　稳压电源纹波电压的测试

扫一扫看纹波电压的测量操作示范教学课件

任务工作单

稳压电源纹波电压的测试——任务工作单		
测试内容与要求	1. 测量纹波电压； 2. 根据所给电路，找出测试点，拟定测量方案，完成测量任务	
测试仪表	名　称	型　号
	数字示波器	UT2025B
注意事项	1. 仪器安全操作； 2. 测量方法的正确性	

2.2.1　稳压电源的纹波电压

由于直流稳压电源一般是由交流电源经整流、滤波、稳压等环节而形成的，这就不可避免地在输出的直流电压中多少带有一些交流成分。这种叠加在直流电压上的交流分量称为纹波。如果用示波器来观察，就会看到电压上下轻微波动，就像水的波纹一样。

纹波电压是指在额定负载条件下，输出电压中所含交流分量的有效值。

纹波的成分较为复杂，它的形态一般为频率高于工频的类似正弦波的谐波，另一种则是宽度很窄的脉冲波。对于不同的场合，对纹波的要求各不一样。一般直流电源的纹波电压峰-峰值≤10 mV。

通常使用交流毫伏表来测量纹波电压，测量示意图如图 2-7 所示。由于纹波不是正弦波，所以用交流毫伏表测量会有一定的误差。

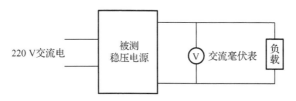

图 2-7　用数字毫伏表测量纹波电压的示意图

也可使用示波器来测量纹波电压，测量示意图如图 2-8 所示。测量时应将数字示波器的输入设置为"交流"耦合，探头衰减挡位设置为"×1"，接地线要尽量短，并且开启带宽限制功能。

纹波的害处：①容易在用电器上产生谐波，而谐波会产生较多的危害；②降低了电源的效率；③较强的纹波会造成浪涌电压或电流的产生，导致烧毁用电器；④会干扰数字电路的逻辑关系，影响其正常工作；⑤会带来噪声干扰，使图像设备、音响设备不能正常工作。纹波电压会影响系统的工作、带来噪声等，所以电源要有足够的滤波措施，以便将纹波限制在一定的幅度以内。

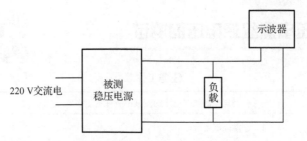

图 2-8　用示波器测量纹波电压的示意图

2.2.2　示波器的结构与工作原理

示波器可以用来直观显示信号的波形，并可以测量相关参数。示波器在电子产品的开发、生产、调试和维修中是不可或缺的电子测量仪器。比如在电子产品的调试和维修过程中，往往要观测某些关键点的信号波形是否正常，以判断电路是否工作正常或是否已经被调整到最佳状态。示波器既可以用来直观地显示电信号的时域波形图像，还可定量测出电信号波形的电压、频率、周期和相位等参数。

示波器可分为模拟示波器和数字示波器两大类。数字示波器的出现，使传统示波器的功能发生了重大变革。

1.　模拟示波器的内部结构与工作原理

1）示波管的内部结构

示波器是依靠示波管将被测信号显示出来的。示波管又称阴极射线管（Cathode Ray Tube，CRT）。示波管主要由电子枪、偏转系统和荧光屏三部分组成，它们被密封在一个抽成真空的玻璃管壳内，基本结构如图 2-9 所示。

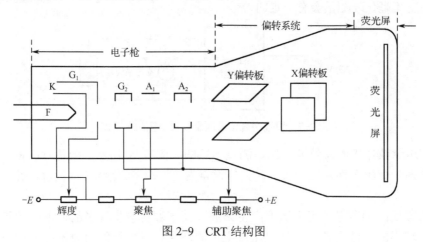

图 2-9　CRT 结构图

（1）电子枪

电子枪的作用是发射电子并形成很细的高速电子束。电子枪由灯丝（F）、阴极（K）、控制栅极（G）、第一阳极（A_1）、第二阳极（A_2）和后加速极（A_3）组成。当电流流过灯丝后加热阴极，使涂有氧化物的阴极发射电子。控制栅极则用来控制射向荧光屏的电子流密度，从而改变荧光屏上波形的辉度（亮度）。调节"辉度"电位器改变栅、阴极之间的电位差即可达到此目的，故在面板上的旋钮标以"辉度"。第一阳极和第二阳极对电子束有加速作用，同时和控制栅极构成一个对电子束的控制系统，起聚焦作用。调节聚焦电位器可改变第一阳极的电位，调节辅助聚焦可以改变第二阳极的电位，恰当调节这两个电位器，可使电子束恰好在荧光屏上会聚成细小的点，保证显示波形清晰。需要指出的是，在调节"辉度"时会使聚焦受到影响。因此，示波管的"辉度"与"聚焦"并非相互独立，而是有关联的。在使用示波器时，二者应该配合调节。后加速极 A_3 位于荧光屏与偏转板之间，是涂在显示管内壁上的一层石墨粉，其主要作用是对电子束做进一步加速，增加光迹辉度。

（2）偏转系统

在示波管中，在第二阳极的后面，由两对相互垂直的偏转板组成偏转系统，垂直（Y）偏转板在前，水平（X）偏转板在后。两对偏转板各自形成静电场，分别控制电子束在垂直方向和水平方向的偏转。电子束在偏转电场作用下的运动规律可用图 2-10 来分析（以垂直偏转板为例）。

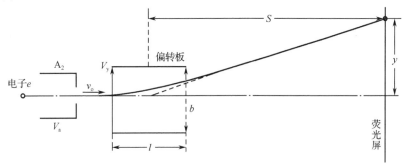

图 2-10　电子束的偏转规律

其偏转距离可由式（2-4）来计算。

$$y = S_y U_y \qquad (2\text{-}4)$$

式中，S_y 为示波管垂直偏转灵敏度，单位为 cm/V；U_y 为加于垂直偏转板上的电压。S_y 表示加在垂直偏转板上的每伏电压所能引起的偏转距离。对于确定的示波管，S_y 是已知的。对于一个给定的 S_y，电子束在屏幕上的偏转距离正比于加到偏转板上的电压。这是示波测量的理论基础。通常，我们称 S_y 的倒数 $D_y\left(=\dfrac{1}{S_y}\right)$ 为示波管垂直偏转因数，单位为 V/div，表示光点在 Y 方向偏转 1 div 所需加在垂直偏转板上的电压值（峰-峰值）。

（3）荧光屏

示波管的荧光屏是在它的管面内壁涂上一层磷光物质制成的。荧光膜在受到高速电子轰击后，将产生辉光。电子束消失后，辉光仍可保持一段时间，称为余辉时间。正是利用荧光物质的"余辉效应"以及人眼的"视觉暂留"效应，才使我们看到由光点的移动轨迹形成的外加信号的波形。当高速电子束轰击荧光屏时，将产生热量。当过热时可能把屏幕烧成一个黑斑，所以在使用示波器时不应当使亮点长时间停留于一个位置。为了定量地进行电压大小和时间长短的测量，在荧光屏的外边加一块用有机玻璃制成的外刻度片，标有垂直和水平方向的刻度（每格 1 cm，用 div 表示）。

2）示波管显示波形的原理

（1）波形显示

波形显示是电子束受 X、Y 两对偏转板上电压 u_x、u_y 共同作用的结果。示波器之所以能用来观测信号波形是基于示波管的线性偏转特性，即电子束在垂直和水平方向上的偏转距离正比于加到相应偏转板上的电压的大小。电子束沿垂直和水平两个方向的运动是相互独立的，打在荧光屏上的亮点的位置取决于同时加在两副偏转板上的电压。当两副偏转板上不加任何信号时，光点则处于荧光屏的中心位置。

若只在垂直偏转板上加一个随时间做周期性变化的被测电压，则电子束沿垂直方向运动，其轨迹为一条垂直线段。若只在水平偏转板上加一个周期性电压，则电子束运动轨迹为一水平线段。这两种情况分别见图 2-11（a）、（b）。

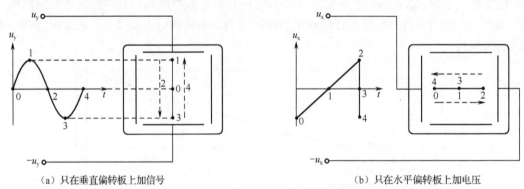

（a）只在垂直偏转板上加信号　　　　　　　（b）只在水平偏转板上加电压

图 2-11　只加 u_x 或 u_y 时荧光屏上波形

被测电压是时间的函数，可用式 $u_y = f(t)$ 表示。对于任一时刻，它都有确定的值与之相对应。要在荧光屏上显示被测电压波形，就要把屏幕看作一个直角坐标系，其垂直轴作为电压轴，水平轴作为时间轴。使电子束在垂直方向偏转距离正比于被测电压的瞬时值；沿水平方向的偏转距离与时间成正比，也就是使光点在水平方向做匀速运动。要达到此效果，就需要在示波管的水平偏转板上加随时间线性变化的锯齿波电压。

（2）扫描

在观察信号时应该在水平偏转板上加锯齿波电压，也称扫描电压。理想的锯齿波波形如图 2-12 所示。

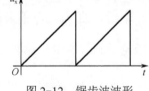

图 2-12　锯齿波波形

当仅在水平偏转板加锯齿波电压时，亮点沿水平方向从左向右做匀速运动。当扫描电压达到最大值时，亮点也达到最大偏转，然后从该点迅速返回起始点。若扫描电压重复变化，在屏幕上就显示一条亮线，这个过程称为"扫描"，这条水平亮线称为"扫描线"。光点由左边起始点到达最右端的过程称为"扫描正程"，而从右端迅速返回到起始点的过程称作"扫描回程"或"扫描逆程"。理想锯齿波的扫描回程时间为零。

在水平偏转板加扫描电压的同时，若在垂直偏转板上加被测信号电压，就可以将其波形显示在荧光屏上，如图 2-13 所示。

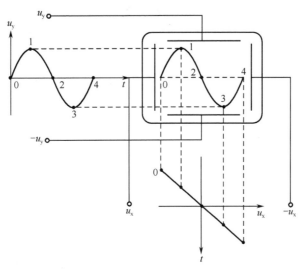

图 2-13　波形显示原理

　　图 2-13 中，被测电压 u_y 的周期为 T_y，如果扫描电压的周期 T_x 正好等于 T_y，则在 u_y 与 u_x 共同作用下，亮点移动的光迹正好是一条与 u_y 相同的曲线（此处为正弦曲线），亮点从 0 点经 1、2、3 至 4 点的移动为"正程"。从 4 点迅速返回 0 点的移动为"回程"。图中设回程时间为零。由于扫描电压 u_x 随时间做线性变化，所以屏幕的水平轴就成为时间轴。亮点在水平方向偏转的距离大小代表了时间的长短，故也称扫描线为时间基线。

　　上面分析的是 $T_x=T_y$ 的情况。如果 $T_x=2T_y$，则在荧光屏上显示如图 2-14 所示的波形。

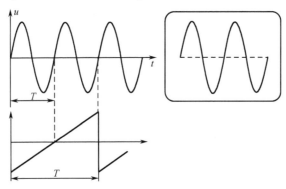

图 2-14　$T_x=2T_y$ 时显示的波形

　　由于波形多次重复出现，而且重叠在一起，所以可观察到一个稳定的图像（图中显示两个周期的波形）。由此可见，如想增加显示波形的周期数，则应增大扫描电压 u_x 的周期，即降低 u_x 的扫描频率。荧光屏显示被测信号的周期个数就等于 T_x 与 T_y 之比 n（n 为正整数）。

　　（3）同步

　　如果 $T_x=nT_y$，则荧光屏上可以稳定显示 n 个周期的 u_y 波形，也称这时的扫描电压与被测信号"同步"。

　　如果 T_x 不是 T_y 的整数倍，则后一扫描周期描绘的图形与前一扫描周期描绘的图形不重

合，结果会出现波形"晃动"的现象，如图 2-15 所示。

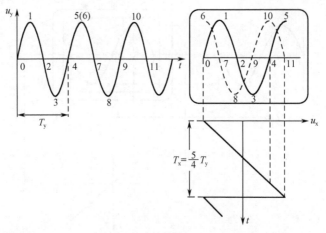

图 2-15 扫描电压与被测电压不同步时显示波形出现晃动

图 2-15 中，$T_x = \frac{5}{4}T_y$。第一个扫描周期开始，光点沿 0→1→2→3→4→5 轨迹移动。当扫描结束时，锯齿波电压回到最小值。相应地，第二个扫描周期开始，这时光点沿 6→7→8 →9→10→11 的轨迹移动。这样，两次扫描的轨迹不重合，看起来波形好像从右向左移动。因此，为了实现扫描电压与被测信号同步，常利用被测信号产生一个触发信号，去控制示波器的扫描电压发生器，迫使扫描电压与被测信号同步。

（4）XY 显示方式

若加在水平偏转板上的不是由示波器内部产生的锯齿波扫描信号，而是另一路被测信号，则称示波器工作于 XY 显示方式。它可以反映加在两副偏转板上的电压信号之间的关系。图 2-16 所示为两个偏转板都加正弦波时所显示的图形，称作李沙育图形。

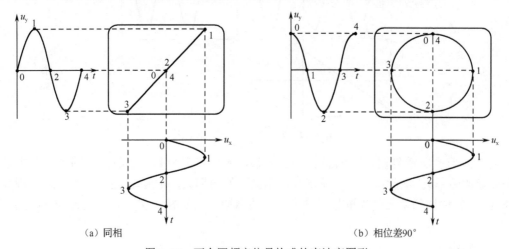

（a）同相　　　　　　　　　　　　　　　　（b）相位差90°

图 2-16 两个同频率信号构成的李沙育图形

若两信号频率相同且相位也相同，则屏幕显示一条斜线，如图 2-16（a）所示；若两信号频率相同但相位相差 90°，则屏幕显示一个圆，如图 2-16（b）所示。利用"李沙育图

 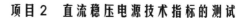

形法"可以测量两正弦信号的频率及相位关系。

3）通用示波器的基本组成

通用示波器主要由垂直通道、水平通道和示波管三部分组成。此外，还包括电源电路、校准信号发生器等其他电路。其内部组成框图如图 2-17 所示。

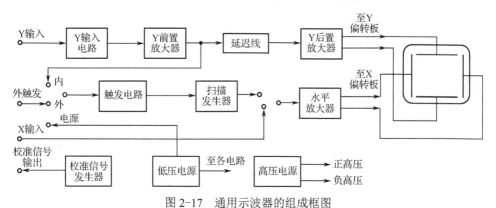

图 2-17　通用示波器的组成框图

（1）垂直通道：由衰减器、放大器及延迟线等组成。其主要作用是放大、衰减被测信号电压，使之达到适当幅度，以驱动电子束做垂直偏转。

（2）水平通道：由触发整形电路、扫描发生器及 X 放大器等组成。其作用是产生与被测信号同步的扫描锯齿波并加以放大，以驱动电子束进行水平扫描，显示稳定的波形。

（3）示波器的探头：探头是示波器的附件。由于示波器的输入阻抗不够高，探头的作用是提供示波器的高输入阻抗、减小波形失真及展宽示波器的工作频带等。探头分有源探头及无源探头。无源探头一般为低电容高电阻探头，它具有金属屏蔽层的外壳，内部装有 R、C 并联电路，其一端接有探针，另一端接有 BNC 接头以便和示波器输入端相连，其实物与原理电路如图 2-18 所示。

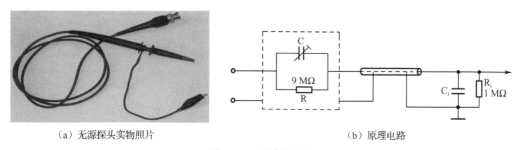

（a）无源探头实物照片　　　　　　　（b）原理电路

图 2-18　示波器探头

图 2-18 中，C 是可变电容，调整 C 进行补偿。可使用示波器自带的校准信号进行探极调整。最佳补偿条件为 $RC = R_iC_i$；当 $RC > R_iR_i$ 时，将出现过补偿；当 $RC > R_iC_i$ 时，将出现欠补偿。具体做法是将示波器校准信号连至探极上，用螺钉旋具左右旋转补偿电容 C，直到调出如图 2-19（a）所示正确的方波（即正确补偿）为止。否则，会产生如图 2-19（b）、（c）所示电容过补偿或欠补偿的波形。

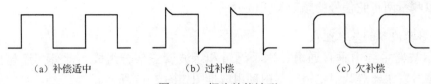

（a）补偿适中　　　　　　（b）过补偿　　　　　　（c）欠补偿

图 2-19　探头补偿波形

无源探头对信号的衰减系数一般有"×1"（不衰减）和"×10"（衰减 10 倍）两挡供选用。为减小仪器对被测电路的影响，一般使用"×10"挡；"×1"挡用于观察小信号。探极上的接地夹和被测电路的地应采用最短连接。在频率较低、测量要求不高的情况下，可用前面板上接地端和被测电路地连接，以方便测试。探头和示波器应配套使用，不能混用，否则会因高频补偿不当而造成波形失真。

2. 数字示波器的种类、特点和技术指标

1）数字示波器的种类

数字示波器分为数字存储示波器（DSO）、数字荧光示波器（DPO）和数字取样示波器等。

2）数字示波器的特点

① 能够捕捉单次信号、低重复速率信号，并进行测量和分析；

② 能够通过软件实现自动参数测量，测量精度高；

③ 灵活多样的触发和显示，增加了捕捉和测量能力；

④ 容易实现波形存储、比较和后处理；

⑤ 具有进行快速测量的自动设置功能；

⑥ 具有菜单选择、通道状态和测量结果的全屏幕注释功能，读数准确。

3）数字存储示波器的主要技术指标

（1）最高取样速率

取样速率指单位时间内取样的次数，也称采样率。数字存储示波器是在被测模拟信号上取样，以有限的取样点来表示整个波形。最高取样速率主要由 A/D 转换速率来衡量，单位为取样点/秒（Sa/s）。实时取样速率可以表示为

$$f_s = \frac{N}{t/\text{div}} \tag{2-5}$$

式中，N 为每格取样点数；t/div 为扫描时间因数。取样速率越高，示波器捕捉信号的能力越强。

（2）频带宽度和上升时间

数字示波器带宽包括模拟带宽和数字带宽两种。模拟带宽是指示波器输入等幅正弦波时，屏幕上对应于基准频率 f_R 的显示幅度随频率下跌 3 dB 时的上限频率 f_H 与下限频率 f_L 之间的宽度，用 B_y 表示：

$$B_y = f_H - f_L \approx f_H \tag{2-6}$$

如果想得到幅度上基本不衰减的显示，B_y 应不小于 f_{max} 的 3 倍，即 $B_y \geq 3f_{max}$。模拟带宽只适用于重复周期信号的测量，而数字带宽则适合于测量重复信号和单次信号，数字带宽往往低于模拟带宽，它与上升时间 t_r 有如下关系：

$$B_y t_r \approx 0.35 \tag{2-7}$$

为了较好地观测脉冲信号的上升沿，通常要求示波器的上升时间 t_r 不大于被测信号上升时间 t_{ry} 的 1/3，即 $t_r \leqslant t_{ry}/3$。

（3）存储容量

存储容量又称存储深度或记录长度，它由采集存储器（主存储器）的最大存储容量来表示，常以字（word）为单位。早期数字存储常采用 256 B、512 B、1 KB、4 KB 等容量的高速半导体存储器。新型的数字存储示波器采用快速响应深存储技术，存储深度已可达 2 MB 以上。

（4）分辨力

示波器能分辨的最小电压增量和最小时间增量，即量化的最小单元。分辨力包括垂直分辨力（电压分辨力）和水平分辨力（时间分辨力）。垂直分辨力取决于 A/D 转换器的转换速率，常以屏幕每格的分级数（级/div）或百分数来表示，也可以用 A/D 转换器的输出位数来表示。它决定了对被测信号在垂直方向的展示能力，通过多次对信号平均处理，并消除随机噪声，可使垂直分辨力提高。时间分辨力由存储器的容量决定，常以屏幕每格含多少个取样点或百分数来表示。它决定了示波器在水平方向上对被测信号的展示能力。

（5）输入阻抗

示波器的输入阻抗是被测电路的额外负载，包括输入电阻和输入电容，使用时必须选择输入电阻大而输入电容小的示波器，以免影响被测电路的工作状态。

（6）读出速度

读出速度是指将数据从存储器中读出的速度，常用"时间/div"来表示。其中，"时间"为屏幕上每格内对应的存储容量×读脉冲周期。使用中应根据显示器、记录装置或打印机等对读出速度的要求进行选择。

3. 数字示波器的内部结构与工作原理

扫一扫看数字示波器结构及工作原理教学课件

1）数字存储示波器的基本结构

数字存储示波器的基本结构如图 2-20 所示。

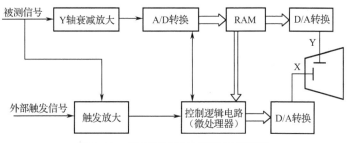

图 2-20　数字存储示波器的原理框图

数字存储示波器基于取样原理，利用 A/D 转换技术和数字存储技术，能迅速捕捉瞬变信号并长期保存。它首先对模拟信号进行高速采样获得相应的数字数据并存储。存储器中存储的数据用来在示波器的屏幕上重建信号波形；同时利用数字信号处理技术对采样得到的数字信号进行相关处理与运算，从而获得所需的各种信号参数，可以对被测信号进行实时、瞬态的分析。

2）数字存储示波器的工作原理

数字存储示波器的工作过程如图 2-21 所示。

当被测信号接入时，首先对模拟量进行取样，图 2-21（a）中的 $a_0 \sim a_7$ 点即对应于被测信号的 8 个取样点，这种取样方式为"实时取样"，它对一个周期内信号的不同点进行取样。8 个取样点得到的数字量分别存储于地址号为 00H～07H 的 8 个存储单元中。显示时，取出 $D_0 \sim D_7$ 数据，进行 D/A 转换，同时存储单元地址号 00H～07H 也经过 D/A 转换，形成图 2-21（d）所示的阶梯波，加到 X 水平系统，控制扫描电压，这样就将被测波形重现于荧光屏上，如图 2-21（e）所示。只要 X 方向与 Y 方向的量化程度足够精细，图 2-21（e）所示波形就能准确地代表图 2-21（a）的波形。

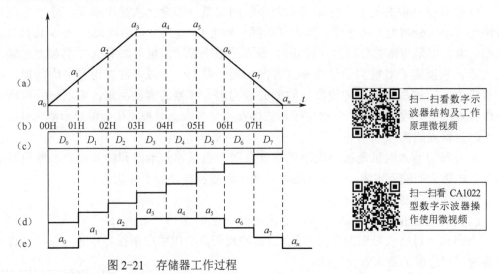

扫一扫看数字示波器结构及工作原理微视频

扫一扫看 CA1022 型数字示波器操作使用微视频

图 2-21　存储器工作过程

2.2.3　UT2025B 型数字示波器

UT2025B 型数字示波器的带宽为 25 MHz，实时采样速率为 250 MS/s，其前面板如图 2-22 所示。

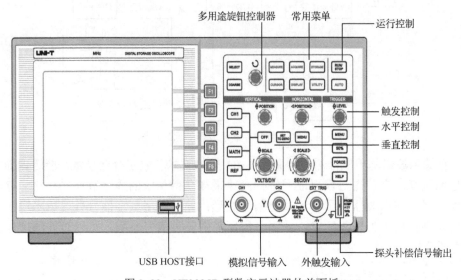

图 2-22　UT2025B 型数字示波器的前面板

项目2 直流稳压电源技术指标的测试

UT2025B 型数字示波器面板可划分为显示区、垂直控制区、水平控制区、触发控制区、控制按钮及连接器等部分。

1. UT2025B 型数字示波器显示区

扫一扫看初识 UT2025B 型数字示波器微视频

UT2025B 型数字示波器显示区图解如图 2-23 所示。

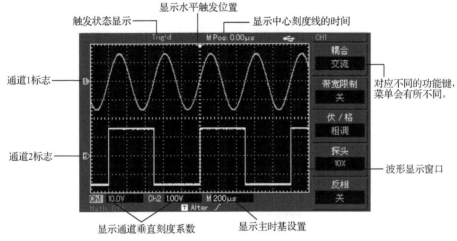

图 2-23　UT2025B 型数字示波器显示区图解

2. UT2025B 型数字示波器前面板各控件功能

扫一扫看 UT2025B 型数字示波器操作使用教学课件

UT2025B 型数字示波器前面板控件功能如表 2-11 所示。

表 2-11　UT2025B 型数字示波器前面板控件功能

名　　称		实物照片	功　　能
VERTICAL 垂直控制区	POSITION 垂直移位		调节移位旋钮可以上下移动波形，确定波形垂直方向的位置
	MATH 数学功能		显示波形的数学操作菜单，实现 CH1-CH2、CH2-CH1、CH1+CH2、CH1 反相、CH2 反相
	CHX 通道功能		显示通道输入功能表选择（包括耦合方式、带宽限制、垂直灵敏度调节、探头倍率调节）。输入耦合方式有三种选择：交流（AC）、地（GND）、直流（DC）
	VOLTS/DIV 垂直标度		调节垂直标度旋钮，改变波形幅度，范围为 2 mV/div～10 V/div 等，一般还具有一个微调旋钮

59

续表

名 称		实物照片	功 能
HORIZONTAL 水平控制区	POSITION 水平移位		调节移位旋钮可以左右移动信号波形,确定波形水平位置
	SEC/DIV 水平标度		调节波形水平扩展,范围从 20 ns/div～50 s/div
	HORIZONTAL MENU 水平功能		调节主时基、视窗设定、视窗扩展、电平和释抑触发等
TRIGGER 触发控制区	LEVEL 触发电平		作为触发电平控制钮,它设定触发信号必须达到的振幅
	TRIGGER MENU 触发功能		触发种类:边沿触发、视频触发。 触发源:通道 1、通道 2、EXT、交流电。 耦合:交流、直流等
	50%		将触发电平设定在电平的 50%处
控制按钮	STORAGE 存储		显示存储/调出功能菜单,用于示波器设置和信号波形的存储和调出
	MEASURE 测量		按下顶部菜单框按钮以显示信源或类型菜单。从信源菜单中可选择待测量的通道,从类型菜单中可选择测量类型(频率、周期、平均值、峰–峰值、均方根值)
	ACQUIRE 获取		显示获取功能菜单,有"取样"、"峰值检测"、"平均值"方式
	DISPLAY 显示		YT 方式:显示垂直电压与水平时间的相对关系; XY 方式:在水平轴上显示 CH1,在垂直轴上显示 CH2
	CURSOR 光标		显示光标功能菜单,显示时垂直位置控制钮调整光标位置。"电压"测量振幅;"时间"测量时间和频率

电压光标　　　　　　时间光标

续表

名　称		实物照片	功　能
控制按钮	UTILITY 辅助功能		显示辅助功能菜单
	AUTO 自动设定		自动设置仪器各项参数值,以产生适宜观察的输入信号显示
	RUN/STOP 运行/停止		启动波形获取和停止波形获取
连接器	PROBE COMP 探头补偿器		用于输出校准信号,对探极进行调整,校正示波器的垂直灵敏度和水平扫速
	CH1 通道1输入端		将示波器探头插到 CH1 通道插座上,示波器探头上的地与被测电路的地连接在一起,示波器探头接触被测点
	CH2 通道2输入端		被测信号从 CH2 通道输入,测试信号时,操作与CH1 相同
	EXT TRIG 外部触发		用于外触发信号输入

3. 垂直系统及其设置

垂直控制面板如图 2-24 所示。

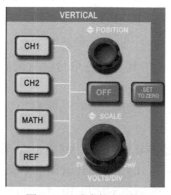

图 2-24　垂直控制面板

扫一扫看 UT2025B
型数字示波器操作
使用教学课件

（1）认识垂直系统：垂直标度旋钮改变"伏/格"垂直挡位。按 OFF 按键关闭当前选择的通道。SET TO ZERO 键用来将垂直移位/水平移位的位置调回到零点（中点）。

（2）垂直系统的设置：每个通道有独立的垂直菜单，每个项目都按不同的通道单独设置。按 CH1 或 CH2 功能按键，系统显示 CH1 或 CH2 通道的操作菜单，说明如表 2-12 所示。

表 2-12　垂直系统的设置

功能菜单	设　定	说　明
耦合	交流	阻挡输入信号的直流成分
	直流	通过输入信号的交流和直流成分
	接地	断开输入信号
带宽限制	打开	限制带宽至 20 MHz，以减少显示噪声
	关闭	满带宽
伏/格	粗调	粗调按 1-2-5 方式步进设定垂直偏转系数
	细调	微调则在粗调设置范围之间进一步细分，以改善垂直分辨力
探头	1×、10×、100×、1 000×	根据探头衰减系数选取其中一个值，以保持垂直偏转系数的读数正确

（3）设置通道耦合：以信号施加到 CH1 通道为例，被测信号是一含有直流分量的正弦信号。按 F1 选择为交流，设置为交流耦合方式，被测信号含有的直流分量被阻隔，波形显示如图 2-25 所示。

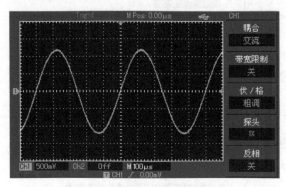

图 2-25　信号的直流分量被阻隔

（4）设置通道带宽限制：按 CH1 功能按键打开 CH1 通道，然后按 F2 键，设置带宽限制为"关"，此时通道带宽为全带宽，被测信号含有的高频分量都可以通过，波形显示如图 2-26 所示。

按 F2 键设置带宽限制为"开"，此时被测信号中高于 20 MHz 的噪声和高频分量被大幅度衰减，波形显示如图 2-27 所示。

（5）设定探头倍率：为了配合探头的衰减系数设定，需要在通道操作菜单中相应设置探头衰减系数。如探头衰减系数为 10：1，则通道菜单中探头系数相应设置成 10×，其余类推，以确保电压读数正确。图 2-28 所示为应用 10：1 探头时的设置及垂直挡位的显示。

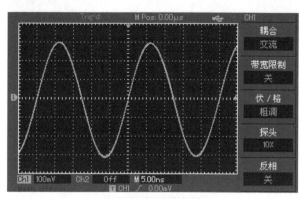

图 2-26 带宽限制关闭时的波形显示

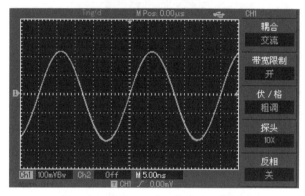

图 2-27 带宽限制打开时的波形显示

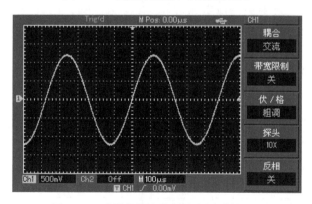

图 2-28 通道菜单中的探头衰减系数设定

（6）垂直伏/格调节设置：垂直偏转系数伏/格挡位调节分为粗调和细调两种模式，如图 2-29 所示。粗调时，伏/格范围是 2 mV/div～5 V/div 以 1-2-5 方式步进。细调时，在当前垂直挡位范围内以更小的步进改变偏转系数，从而实现垂直偏转系数在所有垂直挡位内无间断地连续可调。

4. 认识水平系统

水平控制面板如图 2-30 所示。

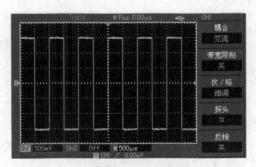

图 2-29　垂直偏转系数粗调和细调

图 2-30　水平控制面板

　　使用水平 SCALE 旋钮改变水平时基挡位设置。转动水平 SCALE 旋钮改变
"SEC/DIV"时基挡位。水平扫描速率为 2 ns/div～50 s/div，以 1-2-5 方式步进。快捷键
SET TO ZERO 用于使触发点快速恢复到垂直中点。水平 POSITION 旋钮用于调整信号在波
形窗口的水平位置。

　　水平控制按键菜单：水平菜单如表 2-13 所示。

表 2-13　水平菜单

功 能 菜 单	设　　定	说　　明
主时基		（1）打开主时基； （2）如果在视窗扩展被打开，按主时基则关闭视窗扩展
视窗扩展		打开扩展时基
触发释抑		调节释抑时间

5. 触发系统及其设置

　　触发面板及对应的菜单如图 2-31 所示。

　　（1）使用触发电平旋钮改变触发电平。

　　（2）使用 TRIGGER MENU，以改变触发设置。

　　按 F1 键，选择"边沿"触发。

　　按 F2 键，选择"触发源"为 CH1。

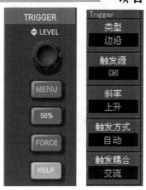

图 2-31 面板上的触发菜单

按 F3 键，设置边沿类型"斜率"为上升。

按 F4 键，设置"触发方式"为自动。

按 F5 键，设置"触发耦合"为交流。

（3）按 50% 按钮，设定触发电平在触发信号幅值的垂直中点。

（4）按 FORCE 按钮：强制产生一触发信号，主要应用于触发方式中的正常和单次模式。

触发决定了数字存储示波器何时开始采集数据和显示波形。数字存储示波器操作面板的触发控制区包括：触发电平调整旋钮；触发菜单按键 TRIGGER MENU。触发电平设定触发点对应的信号电压。

50%：将触发电平设定在触发信号幅值的垂直点。

FORCE：强制产生一触发信号，主要应用于触发方式中及"正常"和"单次"模式。

TRIGGER MENU：触发设置菜单，如表 2-14 所示。

表 2-14 触发设置菜单

功 能 菜 单	设　定	说　明
类型	边沿	
信源选择	CH1	设置 CH1 作为信源触发信号
	CH2	设置 CH2 作为信源触发信号
	交替	CH1、CH2 分别交替地触发各自的信号
斜率	上升	设置在信号上升边沿触发
	下降	设置在信号下降边沿触发
触发方式	自动	设置在没有检测到触发条件下也能采集波形
	正常	设置只有满足触发条件时才采集波形
	单次	设置当检测到一次触发时采样一个波形，然后停止
触发耦合	交流	阻挡输入信号的直流成分
	直流	通过输入信号的交流和直流成分

6. 设置显示系统

在控制区的 DISPLAY 为显示系统的功能按键。使用 DISPLAY 按键弹出表 2-15 所示的

设置菜单。通过菜单控制按钮调整显示方式。

表 2-15　显示菜单

功 能 菜 单	设　　定	说　　明
显示类型	矢量	采样点之间通过连线的方式显示
	点	只显示采样点
格式	YT	数字存储示波器工作方式
	XY	X-Y 显示器方式，CH1 为 X 输入，CH2 为 Y 输入

　　YT 方式：此方式下 Y 轴表示电压量，X 轴表示时间量。XY 方式：此方式下 X 轴表示 CH1 电压量，Y 轴表示 CH2 电压量。图 2-32 为两个同频正弦波所形成的李沙育图形——椭圆。

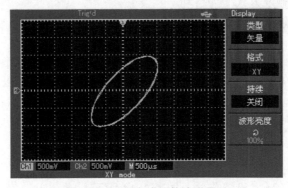

图 2-32　XY 方式下的波形显示

7. 存储和调出

　　在 MENU 控制区的 STORAGE 为存储系统的功能按键。使用 STORAGE 按键显示存储设置菜单，可将示波器的波形或设置状态保存到内部存储区或 U 盘上，并能通过 RefA（或 RefB）从其中调出所保存的波形，或通过 STORAGE 按键调出设置状态。操作步骤：按 STORAGE 键进入类型菜单，类型有三种：波形、设置和位图。选择类型波形进入波形存储菜单，如表 2-16 所示。

表 2-16　波形存储菜单

功 能 菜 单	设　　定	说　　明
类型	波形	选择波形保存和调出菜单
信源	CH1	选择波形来自 CH1 通道
	CH2	选择波形来自 CH2 通道
存储位置	1～20	1～20 分别代表存放 20 组波形的位置
保存		存储波形

　　波形存储如图 2-33 所示。

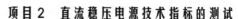

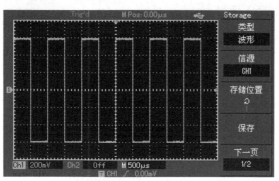

图 2-33　波形存储

波形保存完后请在 REF（参考波形）菜单中调出。

参考波形存储在数字存储示波器的非易失性存储器中或外设 U 盘内，并具有下列名称：RefA、RefB。要调出或关闭参考波形，请执行以下步骤：①按下前面板 REF 菜单按键；②按下 RefA，选择信源，通过旋转前面板上部的多用途旋钮，来选择信源的位置，该位置共有 1～10（或 1～20）可选择。当选择了某一个存放波形的位置后，如"1"，按回调键即可调出原来存放在该位置的波形。波形调出完成后，按取消键（F5）返回上级菜单。按下 REF 按键显示参考波形菜单，设置说明如表 2-17 所示。

表 2-17　选择存储位置

功 能 菜 单	设　定	说　　　明
存储位置	1～20	1～20 分别代表存放 20 组波形的位置
关闭		关闭调出的波形
回调		调出所选择的波形
取消		返回上级菜单

8. 自动设置

自动设置用以简化操作。按下 AUTO 按键时，数字存储示波器能自动根据波形的幅度和频率，调整垂直偏转系数和水平时基挡位，并使波形稳定地显示在屏幕上。

9. RUN/STOP

用于连续采集波形或停止采集。该键使波形采样在运行和停止间切换。在运行状态下该键绿灯亮，屏幕上部显示"Auto"，数字存储示波器连续采集波形；而在停止状态下该键红灯亮，屏幕上部显示"Stop"，数字存储示波器停止采集。

2.2.4　UT2025B 型数字示波器使用前的准备

扫一扫看 UT2025B 型数字示波器使用示例微视频

1. 接通仪器电源

为了让数字存储示波器工作在最佳状态，可在热机 30 min 后，执行 UTILITY 菜单，按 F1 键执行自校正；然后进入下一页按 F1 键，调出出厂设置。

2．数字存储示波器接入信号

（1）将数字存储示波器探头连接到 CH1 输入端，并将探头上的衰减倍率开关设定为 10×，如图 2-34 所示。

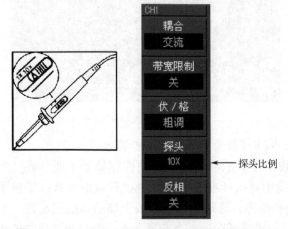

图 2-34　探头在数字存储示波器上的偏转系数设定

（2）设置探头衰减系数的方法如下：按 F4 键使菜单显示 10×。

（3）把探头的探针和接地夹连接到探头补偿信号的相应连接端上。按 AUTO 按钮，几秒钟内，可见到方波显示（1 kHz，约 3 V，峰-峰值），如图 2-35 所示。

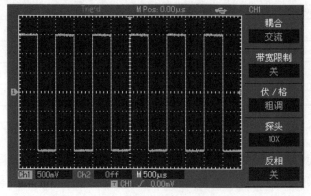

图 2-35　探头补偿信号

3．探头补偿

在首次将探头与任一输入通道连接时，需要进行此项调节，使探头与输入通道相配。未经补偿校正的探头会导致测量误差或错误。若调整探头补偿，请按如下步骤操作。

（1）将探头菜单衰减系数设定为"10×"，探头上的开关置于"×10"，并将数字存储示波器探头与 CH1 连接。如使用探头钩形头，应确保与探头接触可靠。将探头端部与探头补偿器的信号输出连接器相连，接地夹与探头补偿器的地线连接器相连，打开 CH1，然后按 AUTO 按钮。

（2）观察显示的波形，如图 2-36 所示。

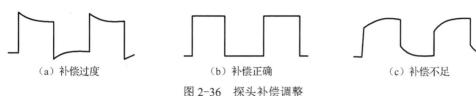

（a）补偿过度　　　　　　　（b）补偿正确　　　　　　　（c）补偿不足

图 2-36　探头补偿调整

（3）如显示波形为"补偿不足"或"补偿过度"，则用非金属手柄的改锥调整探头上的可变电容，直到屏幕显示的波形为如图 2-36（b）所示的"补偿正确"。

2.2.5　UT2025B 型数字示波器的自动测量

本示波器的测量菜单可测量 28 种波形参数。

按 MEASURE 键首先进入参数测量显示菜单，该菜单有 5 个可同时显示测量值的区域，分别对应于功能键 F1～F5。对于任一个区域需要选择测量种类时，可按相应的 F 键，以进入测量种类选择菜单。测量种类选择菜单分为电压类和时间类两种，可分别选择进入电压或时间类的测量种类，按相应的 F1～F5 键选择测量种类后，退回到参数测量显示菜单。

1.　电压参数的自动测量

示波器可以自动测量的电压参数包括：

峰-峰值（$V_{p\text{-}p}$）：波形最高点至最低点的电压值。

最大值（V_{max}）：波形最高点至 GND（地）的电压值。

最小值（V_{min}）：波形最低点至 GND（地）的电压值。

幅度（V_{amp}）：波形顶端至底端的电压值。

平均值（Average）：1 个周期内信号的平均幅值。

均方根值（V_{rms}）：即有效值。

2.　时间参数的自动测量

示波器可以自动测量信号的频率、周期、上升时间、下降时间、正脉宽、负脉宽、延迟（9 种组合）、正占空比、负占空比。这些时间参数的定义是：

上升时间（Rise Time）：波形幅度从 10%上升至 90%所经历的时间。

下降时间（Fall Time）：波形幅度从 90%下降至 10%所经历的时间。

正脉宽（＋Width）：正脉冲在 50%幅度时的脉冲宽度。

负脉宽（－Width）：负脉冲在 50%幅度时的脉冲宽度。

正占空比（＋Duty）：正脉宽与周期的比值。

负占空比（－Duty）：负脉宽与周期的比值。

3.　测量菜单

操作说明：首先按 MEASURE 键，屏幕显示 5 个测量值的显示区域，用户可按 F1～F5 中的任一键，则屏幕进入测量选择菜单，如表 2-18 所示。

表 2-18   测量选择菜单

功 能 菜 单	设　定	说　明
信源	CH1	选择测量参数的通道
	CH2	选择测量参数的通道
电压类		进入电压类的参数菜单
时间类		进入时间类的参数菜单
所有参数		显示/关闭所有测量参数

2.2.6　UT2025B 型数字示波器的光标测量

按下 CURSOR 按钮显示测量光标和光标菜单，然后使用多用途旋钮控制器改变光标的位置。在 CURSOR 模式可以移动光标进行测量，有三种模式：电压、时间和跟踪。当测量电压时，按面板上的 SELECT 和 COARSE 键，以及旋转多用途旋钮控制器，分别调整两个光标的位置，即可测量 ΔV。同理，如果选择时间则可测量 ΔT。在跟踪方式下，并且有波形显示时，可以看到数字存储示波器的光标会自动跟踪信号变化。

（1）SELECT 键的作用：对光标进行选择。

（2）COARSE 键的作用：调节移动光标的速度。

【实例 2-1】 观测电路中一未知信号，迅速显示该信号。

欲迅速显示该信号，请按以下步骤操作。

（1）将探头菜单衰减系数设定为 10×，并将探头上的开关设定为 ×10。

（2）将 CH1 的探头连接到电路被测点。

（3）按下 AUTO 按钮。

数字存储示波器将自动设置使波形显示达到最佳。在此基础上，可以进一步调节垂直、水平挡位，直至波形的显示符合用户的要求。

【实例 2-2】 测量简单信号。观测电路中一未知信号，测量该信号的频率和峰-峰值。

欲测量该信号的频率和峰-峰值，请按如下步骤操作。

（1）按 MEASURE 键，以显示自动测量菜单。

（2）按 F1 键，进入测量菜单种类选择。

（3）按 F3 键，选择电压类。

（4）按 F5 键翻至 2/4 页，再按 F3 键选择测量类型：峰-峰值。

（5）按 F2 键，进入测量菜单种类选择，再按 F4 键选择时间类。

（6）按 F2 键即可选择测量类型：频率。

此时，峰-峰值和频率的测量值分别显示在 F1 和 F2 的位置，如图 2-37 所示。

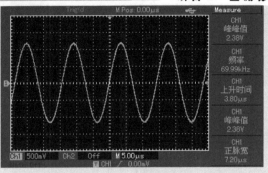

图 2-37　自动测量

【实例 2-3】　应用光标测量。所有的自动测量参数都可以通过光标进行测量。使用光标可迅速地对波形进行时间和电压测量。

测量阶梯信号的一个阶梯电压，其操作步骤为：

（1）按下 CURSOR 按键以显示光标测量菜单。

（2）按下 F1 菜单操作键设置光标类型为电压。

（3）旋转多用途旋钮控制器将光标 1 置于阶梯信号的一个阶梯处。

（4）按 SELECT 键使光标被选中，然后再旋转多用途旋钮控制器，将光标 2 置于阶梯信号的另一个阶梯处。光标菜单中则自动显示 ΔV 值，即该处的压差，如图 2-38 所示。

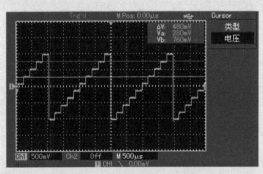

图 2-38　光标测量信号电压差

注：如果用光标测量时间，则在上述第（2）步中，将光标类型设置为时间。

【实例 2-4】　XY 功能的应用。

测量两通道信号的相位差，其操作步骤为：

（1）将探头菜单衰减系数设定为 10×，并将探头上的开关设定为 ×10。

（2）将 CH1 的探头连接至网络的输入，将 CH2 的探头连接至网络的输出。

（3）若通道未被显示，则按下 CH1 和 CH2 菜单按键，打开两个通道。

（4）按下 AUTO 按钮。

（5）调整垂直标度旋钮使两路信号显示的幅值大约相等。

（6）按 DISPLAY 菜单按键，以调出显示控制菜单。

（7）按 F2 键以选择 XY。数字存储示波器将以李沙育图形模式显示该电路的输入/输出特征。

（8）调整垂直标度和垂直位置旋钮使波形达到最佳效果。

（9）应用椭圆示波图形法观测并计算出相位差，如图 2-39 所示。

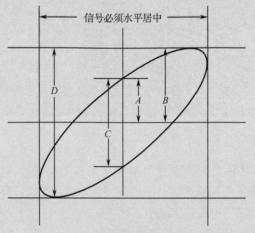

图 2-39　李沙育图形计算相位差

根据 $\sin\theta = A/B$ 或 C/D，其中　为通道间的相位差，A、B、C、D 的定义见图 2-39，因此可得出相位差即 $\theta = \pm\arcsin(A/B)$ 或者 $\theta = \pm\arcsin(C/D)$。另外，如果两个被测信号的频率或相位差为整数倍，则根据图形可以推算出两信号之间的频率及相位关系。

（10）XY 相位差表。信号频率比为 1∶1 时的相位差表如表 2-19 所示。

表 2-19　相位差表

信号频率比	相　位　差					
	0°	45°	90°	180°	270°	360°
1∶1	╱	○	○	╲	○	╱

【实例 2-5】　设置示波器的存储功能。

选择示波器的显示通道、触发通道、垂直和水平挡等完成示波器设置。按下 STORAGE 键，再通过按 F1 键选择存储的类型为"设置"，通过多功能旋钮选择需要存储的位置，再按 F3 键保存，如图 2-40 所示。

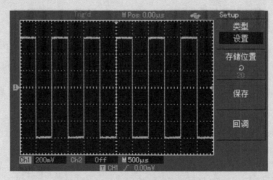

图 2-40　存储设置保存界面

当设置保存完成后，下次测试时只需要回调保存的设置就可以直接测试，减少重新设置的过程。

【实例 2-6】 *示波器波形的存储。*

按下 STORAGE 键，再通过按 F1 键选择存储的类型为"波形"；按 F2 键可以选择需要保存波形的通道；再按 F5 键进入下一页。F1 菜单位置的磁盘指示存储的位置，在未插入 U 盘的情况下，默认的存储位置为数字示波器（DSO）。F2 指示的存储深度默认为普通，保存的波形只能通过示波器显示出来；再按 F5 键返回上一页菜单，通过多功能旋钮选择需要存储的位置，按 F3 键保存，如图 2-41 所示。

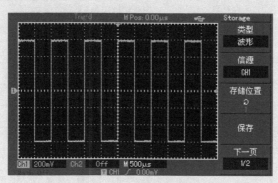

图 2-41　波形存储

存储的波形可以通过面板上的快捷键 REF 回调，如图 2-42 所示。

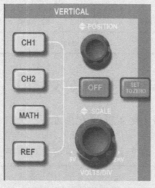

图 2-42　快捷键 REF

2.2.7　UT2025B 型数字示波器的技术指标

UT2025B 型数字示波器的技术指标如表 2-20 所示。

表 2-20　UT2025B 型数字示波器的技术指标

类　别	名　称	指　标　内　容
输入	输入耦合	直流、交流或接地（AC、DC、GND）
	输入阻抗	1 MΩ±2% 与 24±3 pF 并联

类　别	名　　称	指　标　内　容
输入	探头衰减系数设定	1×、10×、100×、1 000×
	最大输入电压	400 V（DC+Vpk）
垂直系统	灵敏度	2 mV/div～5 V/div
	模拟带宽	25 MHz
	可选择的带宽限制	20 MHz
	垂直分辨力	8 b A/D 转换器
水平系统	取样率	500 S/s～10 MS/s
	记录长度	2×512 k 采样点
	存储深度	单通道为 25 KB，双通道为 12.5 KB
	扫描时间因数范围	5 ns/div～5 s/div 按 1-2-5 方式步进
触发系统	触发类型	边沿、视频
	触发源	CH1、CH2、EXT（外触发）
	触发电平范围	内触发时为屏幕中心±8div
测量	光标测量	光标间电压差、时间差
	自动测量	峰-峰值、平均值、频率、周期、幅值、最大值、最小值、顶端值、底端值、中间值、均方根值、过冲、预冲、上升时间、下降时间、正脉宽、负脉宽、正占空比、负占空比、延迟
探头补偿信号	输出电压	约 3 V，峰-峰值≥1 MΩ负载时
	频率	1 kHz

2.2.8　UT2025B 型数字示波器面板英文标识

UT2025B 型数字示波器面板中英文标识对照如表 2-21 所示。

表 2-21　面板中英文对照表

英　　文	中　　文	英　　文	中　　文
SELECT	选择	MENU	菜单
MEASURE	测量	FORCE	强制
ACQUIRE	获取	VERTICAL	垂直
STORAGE	存储	HORIZONTAL	水平
RUN/STOP	运行/停止	TRIGGER	触发
COARSE	粗调	⬥ POSITION	垂直位置
DISPLAY	显示	◀POSITION▶	水平位置
UTILITY	辅助功能	LEVEL	触发电平
AUTO	自动设置	SCALE	标度

续表

英　文	中　文	英　文	中　文
REF	参考	VOLTS/DIV	伏/格
OFF	关闭	SEC/DIV	秒/格
SET TO ZERO	置零	MATH	数学

技能实训 3　数字示波器的使用

1. 实训目的

（1）熟悉数字示波器的控制按钮和菜单功能，掌握其基本操作方法。

（2）会用数字示波器进行实际测量。

扫一扫看 CA1022
型数字示波器技
能实训教学课件

2. 实训器材

（1）DG1022 型信号发生器　　　　　　1 台。

（2）UT2025B 型数字示波器　　　　　　1 台。

3. 实训内容及步骤

1）仪器初始化校准

仪器初始化校准的操作步骤如下：

（1）按下电源开关。

（2）按"UTILITY（辅助功能）"键，显示下一级菜单，选择"中文"菜单界面。

（3）按"自校正"菜单操作键，机器进行自校正。

（4）用示波器专用探头将"PROBE COMP"（探极补偿器）端连接到 CH1 探头连接器。

（5）按"CH1 MENU"键，将"探头"设定为"10×"，并将探头上的开关拨至"×10"位置。

（6）按"AUTOSET（自动设定）"键，调节"VOLTS/DIV"、"SEC/DIV"和"POSITION"旋钮，使显示方波的周期为一格、幅值为一格，读出 CH1 垂直标尺的读数和主时基设定值（M），画出其波形图并填入表 2-22 中。

表 2-22　校正信号参数及波形

CH1	M	幅　度	频　率	波形图

2）使用"MEASURE（测量）"进行测量

调节信号发生器，使其输出 1 kHz、2 V_{P-P} 正弦波，用"MEASURE"功能测量信号的相关参数。操作步骤如下：

（1）按"MEASURE"按键，以显示测量菜单。

（2）按下"菜单操作键 1"选择"信源"，选择 CH1 输入正弦信号进行测量。

（3）按下"菜单操作键 1"选择"类型"。

（4）按下"菜单操作键 2"选择"频率"。

（5）按下"菜单操作键 3"选择"周期"。

（6）按下"菜单操作键4"选择"峰-峰值"。

（7）按下"菜单操作键5"选择"均方根值"。将测试结果填入表2-23中。

表2-23　MEASURE 自动测量

正弦信号	探极衰减	测 试 结 果				波 形 图
		频率	周期	峰-峰值	均方根值	
1 kHz、2 V$_{P-P}$						

3）使用"CURSOR（光标）"测量方波的脉冲宽度

调节信号发生器，使其输出 1 kHz、5 V$_{P-P}$ 方波，送入示波器 CH1 通道。用"CURSOR"功能测试其脉冲宽度，操作步骤如下：

（1）按下"CURSOR"按钮显示光标菜单。

（2）按下"菜单操作键1"选择"时间"。

（3）按下"菜单操作键2"选择"CH1"。

（4）调节"CURSOR1"旋钮置一光标线于脉冲的上升沿。

（5）调节"CURSOR2"旋钮置另一光标线于脉冲的下降沿。光标菜单中将显示"光标 1"、"光标 2"和"增量"时间，其中"增量"时间即为脉冲宽度。将测试结果填入表2-24中。

表2-24　"光标"法测量脉冲宽度

方 波 信 号	探 极 衰 减	脉冲宽度（增量）
1 kHz、5 V$_{P-P}$		

4）使用"CURSOR（光标）"测量方波的脉冲幅度

调节信号发生器，使其输出 1 kHz、5 V$_{P-P}$ 方波，送入示波器 CH1 通道。用"CURSOR"功能测试其脉冲幅度，操作步骤如下：

（1）按下"CURSOR"按钮以显示光标菜单。

（2）按下"菜单操作键1"选择"电压"。

（3）旋转"光标 1"旋钮将一光标线置于脉冲的顶部。

（4）旋转"光标 2"旋钮将另一光标线置于脉冲的底部。

（5）光标菜单中将显示下列测量值：增量（即脉冲幅度）、"光标 1"处的电压和"光标 2"处的电压。将测试结果填入表2-25中。

表2-25　"光标"法测量脉冲幅度

方波信号	探极衰减	脉冲幅度（增量）
1 kHz、5V$_{P-P}$		

5）使用"CURSOR（光标）"测量方波的脉冲上升时间

调节信号发生器，使其输出 1 kHz、5 V$_{P-P}$ 方波，送入示波器 CH1 通道。用"CURSOR"功能测试其脉冲上升时间，操作步骤如下：

（1）按下"AUTOSET"键，使 1 kHz、5 V_{P-P} 波形显示在屏幕上。

（2）调整"SEC/DIV"旋钮以显示波形的上升沿。

（3）调整"VOLTS/DIV"旋钮以设置波形的幅值占据大约 5 格。

（4）按下"CH1 MENU"使得 CH1 菜单显示，选择"细调"。

（5）调整"VOLTS/DIV"旋钮以设置波形幅值精确地占据 5 格。

（6）按下"CURSOR"按钮，选择"时间"。

（7）调节"CURSOR 1"旋钮将一光标线置于波形上升半格处，该点为波形上升沿的 10%点。

（8）调节"CURSOR 2"旋钮将另一光标线置于波形上升 4 格半处，该点是波形上升沿的 90%点。光标菜单的"增量"读数即为脉冲的上升时间，如图 2-43 所示。

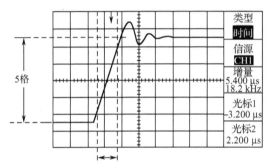

图 2-43　测量脉冲上升时间

将测试结果填入表 2-26 中。

表 2-26　"光标"法测量脉冲上升时间

方 波 信 号	探 极 衰 减	上升时间（增量）
1 kHz、5 V_{P-P}		
1 MHz、10 V_{P-P}		

6）信号波形的存储和调出

要求存储一个三角波、一个方波，并在观察其他波形时进行调出。

（1）将待存储信号经探极输入至激活通道（如 CH1）。

（2）调节有关控件，使仪器显示信号波形。

（3）按"SAVE/RECALL"（存储/调出）控制钮，显示相应菜单。

（4）按"菜单操作键 1"选择"波形"。

（5）按"菜单操作键 2"在信源中选择工作通道（如 CH1）。

（6）按"菜单操作键 3"选择信号存储位置（RefA 或 RefB），现选择"RefA"。

（7）按"菜单操作键 4"，则 CH1 的波形存入"RefA"。

（8）撤销 CH1 输入信号，荧光屏上显示的波形消失。

（9）按"菜单操作键 5"，使"RefA"处于"开启"状态，则荧光屏上显示存储的波形；如"RefA"处于"关闭"状态则不显示波形。

☞注意：在存储信号时，存储位置（RefA 或 RefB）处于"开启"或"关闭"状态皆可。

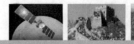

7）"李沙育图形法"测信号频率

按数字示波器的"DISPLAY"按键，选择"XY"显示格式。将两路正弦信号分别送入数字示波器 CH1、CH2 通道。可选定 CH1 通道输入信号频率 $f_x = 100\,\text{Hz}$，通过调节 CH2 通道输入信号频率使屏幕出现不同的李沙育图形，将测量结果填入表 2-27 中。

表 2-27　用李沙育图形测正弦波频率

f_x	测 量 步 骤	测 量 结 果	
		李沙育图形	f_y
100 Hz			

4. 实训注意事项

（1）探头若经衰减接入，则衰减倍数必须与示波器内部衰减系数设置一致。

（2）观察 1 Hz 左右低频信号，不能使用"AUTOSET"，而应手动调节。

5. 实训小结

（1）完整记录上述实训内容与实训结果。

（2）记录上述实训过程中遇到的问题并进行分析，写出心得体会。

计划决策　稳压电源纹波电压的测试

稳压电源纹波电压的测试——计划工作单		
准备	1. 资料准备：查阅相关资料，掌握纹波相关知识； 2. 查阅稳压电源的使用说明书； 3. 掌握数字毫伏表、数字示波器的使用； 4. 列出疑难问题，小组讨论、咨询老师	
测量仪器连接图		
测量内容与步骤	序　号	测 试 步 骤
	1	
	2	
	3	
	4	
签名		日期

任务实施　稳压电源纹波电压的测试

稳压电源纹波电压的测试——实施工作单				
实训前准备	1. 整理工作台； 2. 布置、摆放仪器和实验设备			
仪器检查	仪器设备名称		完好情况	
	1. 数字毫伏表			
	2. 数字示波器			
被测设备检查	外观检查			
	通电检查			
测量数据记录				
收获体会				
签名	测试员	日期	检验员	日期

检查评价　稳压电源纹波电压的测试

稳压电源纹波电压的测试——评价工作单				
评　价　项　目	评　价　内　容		得　　分	总　　分
过程评价（50%）	素质目标 （10%）	职业道德 协作沟通		
	知识目标 （10%）	仪器知识 使用方法		
	能力目标 （30%）	测试系统组建 仪器操作能力		
终结评价（50%）	测量结果 （30%）	数据正确性 数据分析 处理能力		
	测试报告 （20%）	格式规范性 书写认真性		
学生签名	日期		教师签名	日期

项目总结

1．电子产品检测是电子制造企业一个重要岗位。电子产品是否合格需要对其技术参数进行测试，如不合格则不能出厂。

2．电源的主要技术参数有源效应、负载效应和纹波电压。

3．稳压电源源效应的测量：在额定负载恒定的条件下，先测量标称输入电压时的输出电压值，然后再分别测量最大输入电压（242 V）和最小输入电压（198 V）时的输出电压值，取这两种输出电压与标称输入电压（220 V）所对应的输出电压的最大偏差电压。

4．稳压电源负载效应的测量：保持输入电压在标称值（220 V）不变的条件下，先测空载时的输出电压，再测额定负载（满载）时的输出电压，两者的差值即为所求。

5．数字万用表作为检测电子元器件的常用仪表，可以用它来测量电阻器、电容器、二极管、三极管等的主要参数，并判别电子元器件性能的好坏。

6．纹波电压的测量有交流毫伏表测量和示波器测量两种方法。

7．示波器是电子工程师的眼睛，非常直观有用。它能观察电信号波形并测量有关参数。模拟示波器核心部件是示波管。示波器可以测量波形的频率、幅度、相位等参数。数字示波器基于模拟示波器发展起来，采用模数转换等新技术。其功能非常强大，除了模拟示波器的测量功能以外，还可以进行自动测量和光标测量。

8．本项目以稳压电源作为一个典型电子整机产品的例子，旨在培养学生电子产品的检测能力。

思考与练习2

1．直流稳压电源的技术参数有哪些？

2．什么是稳定电源的稳压和稳流工作状态？

3．什么是源效应？什么是负载效应？

4．什么是纹波？它有哪些危害？

5．数字万用表的功能有哪些？

6．如何用数字万用表测量三极管的放大倍数？

7．数字万用表使用应注意哪些事项？

8．示波管的结构如何？

9．数字示波器技术指标有哪些？

10．数字示波器光标测量功能如何使用？

11．如何用数字示波器测量电源的纹波？

 扫一扫看数字万用表习题及答案

 扫一扫看数字示波器习题及答案

项目 3

电子元器件参数的测试

教学导航

教	重点	1. 数字电桥的原理与使用
		2. 半导体管特性图示仪的原理与使用
		3. 频率特性测试仪的原理与使用
	难点	1. 数字电桥的工作原理
		2. 半导体管特性图示仪的工作原理
		3. 频率特性测试仪的工作原理
	教学方式	行动导向教学法
	建议学时	18 课时
学	学习方法	做中学
	应该掌握的理论知识	数字电桥、半导体管特性图示仪和频率特性测试仪的工作原理
	必须掌握的技能	数字电桥、半导体管特性图示仪和频率特性测试仪的操作使用

任务 3.1 用数字电桥测试电子元件参数

在科研和生产中，经常要测量电子元件的参数，即电阻器的阻值、电容器的电容量和损耗因数、电感器的电感量及品质因数等。需要对元件进行测量的原因如下：

（1）工厂生产的元件均标有一定的偏差，使用元件是否满足该偏差要求，需要进行测量方能获得准确数值。

（2）工厂生产的元件是在某特定条件下获得的（如测试频率、测试电平等），而使用条件不尽相同，使用者需了解的是实际使用条件下元件的数值。

（3）实际上，所有元件并非理想元件，包含有各种寄生参数，因此还需对元件的寄生情况进行测量。

数字电桥是测试电子元件参数的常用仪器。

3.1.1 常见电子元件

扫一扫看数字
电桥结构及测
量原理微视频

最常见的电子元件有以下三种。

1. 电阻器

理想的电阻器是纯电阻元件，但实际电阻器还存在引线电感和分布电容，等效电路如图 3-1 所示。在高频时要考虑引线电感和分布电容的影响，低频时可以忽略不计。

2. 电容器

实际电容器存在引线电感和损耗电阻。在频率不高的情况下，引线电感的影响因感抗很小可以忽略。实际电容器等效电路如图 3-2 所示。图中 R_{CS} 是电容器的串联损耗电阻，R_{CP} 是电容器的并联损耗电阻。电容器的损耗大小用损耗因数 D 或损耗角的正切 $\tan\varphi$ 表示。

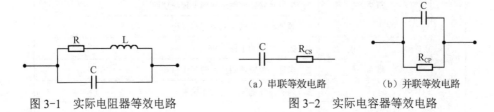

图 3-1 实际电阻器等效电路 （a）串联等效电路 （b）并联等效电路

图 3-2 实际电容器等效电路

对于图 3-2（a）有

$$D = \tan\varphi = \frac{R_{CS}}{X_C} = \omega C R_{CS} \tag{3-1}$$

对于图 3-2（b）有

$$D = \tan\varphi = \frac{X_C}{R_{CP}} = \frac{1}{\omega C R_{CP}} \tag{3-2}$$

式中，X_C 为电容器的容抗，φ 为电容器的损耗角。

3. 电感器

实际电感器存在分布电容和损耗电阻。在频率不高的情况下，分布电容的影响因容抗很小可以忽略。实际电感器等效电路如图 3-3 所示。

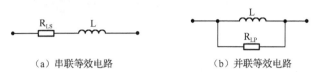

（a）串联等效电路　　　　　　　　（b）并联等效电路

图 3-3　实际电感器等效电路

图 3-3（a）中 R_{LS} 是电感器的串联损耗电阻，图 3-3（b）中 R_{LP} 是电感器的并联损耗电阻。电感器的损耗大小用品质因数 Q 表示。

对于图 3-3（a）有

$$Q = \frac{X_L}{R_{LS}} = \frac{\omega L}{R_{LS}} \tag{3-3}$$

对于图 3-3（b）有

$$Q = \frac{R_{LP}}{X_L} = \frac{R_{LP}}{\omega L} \tag{3-4}$$

式中，X_L 为电感器的感抗。

3.1.2　数字电桥的用途与选择

扫一扫看数字电桥内部结构与工作原理教学课件

1. 数字电桥的用途

数字电桥主要用来测量电阻器的阻值、电感器的电感量及品质因数 Q、电容器的电容量及损耗因数 D 等。数字电桥主要用于：

（1）精确评价元件的性能，保证元件在使用条件下满足要求。

（2）元件生产线快速检测或进货检验。

2. 选择数字电桥要考虑的因素

1）测量准确度

测量准确度是反映仪器性能的主要指标之一。一般地，仪器准确度应比测量元件的技术指标高 3～5 倍。应了解被测量元件在测量频率下呈现的阻抗在对应该测量条件下的仪器准确度是否满足测量要求。

2）测试信号频率与电平

测试频率、电平是元件检测需确定的首要参数，也是反映元件参数相关性的最重要内容，对正确选择 LCR 电桥是极为重要的。

3.1.3　阻抗的数字化测量原理

电子元件 R、L、C 参数的测量方法有电桥法、谐振法和伏安法。其中，电桥法具有较高的测量精度，但电路复杂且需要进行电桥平衡调节，不宜完成快速的自动测量。由于测量方法的制约，谐振法需要很高的频率激励信号，一般无法完成较高精度的测量。

伏安法又称矢量计算法，它基于欧姆定律，即将阻抗看成正弦交流电压与电流的复数比值，即

$$Z = \frac{\dot{U}}{\dot{I}} = R + jX \tag{3-5}$$

具体实现方法是将一个标准电阻 R_s 与被测阻抗 Z_x 串联，如图 3-4 所示。由图可得

$$Z_X = \frac{\dot{U}_x}{\dot{U}_s} = R_s \qquad (3-6)$$

这样，对阻抗 Z_x 的测量变成了两个矢量电压比的测量。实现两个矢量除法可用"自由轴法"，将矢量除法转换成标量除法。所谓"自由轴"是指坐标轴可以任意选择。参考相位信号可以不与任何一个被测电压相同，但在整个测量过程中应保持不变，即与被测电压保持固定的相位关系。自由轴法的矢量关系图如图 3-5 所示。

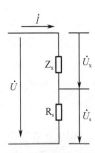

图 3-4　引入标准电阻测试阻抗原理图

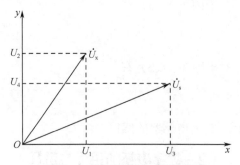

图 3-5　自由轴法的矢量关系图

由图 3-5 可得

$$\dot{U}_X = U_1 + jU_2 \qquad (3-7)$$
$$\dot{U}_S = U_3 + jU_4 \qquad (3-8)$$

将式（3-7）和式（3-8）代入式（3-6）得

$$Z_x = \left(\frac{U_1 + jU_2}{U_3 + jU_4}\right)R_s = \left(\frac{U_1U_3 + U_2U_4}{U_3^2 + U_4^2} + j\frac{U_2U_3 - U_1U_4}{U_3^2 + U_4^2}\right)R_s \qquad (3-9)$$

只要得到每个矢量的投影分量 U_1、U_2、U_3 和 U_4，然后由 A/D 转换器转换成数字量，即可实现阻抗的数字测量。

3.1.4　YB2812 型 LCR 数字电桥

YB2812 型 LCR 数字电桥是一种典型的元件参数智能测量仪器，它可自动测量电感量 L、电容量 C、电阻值 R、品质因数 Q 和损耗因数 D。该仪器采用微处理技术，具有测量范围宽、测量速度快、测量精度高等特点，其基本精度可达 0.25%，并且具有极高的稳定性和可靠性。

1. YB2812 型 LCR 数字电桥的面板

YB2812 型 LCR 数字电桥的前面板如图 3-6 所示。

扫一扫看初识 YB2812 型数字电桥微视频

图 3-6　YB2812 型 LCR 数字电桥的前面板

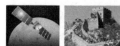

YB2812 型 LCR 数字电桥前面板控件功能如表 3-1 所示。

表 3-1　YB2812 型 LCR 数字电桥前面板控件功能

	名称	照片	功能
1	主参量显示		主参量以左边五位数字显示 *L*、*C*、*R* 的测量结果，右边三个指示灯指示被测元件的主参量单位，主参量的选择由"LCR"按钮控制
2	副参量显示		右边两个指示灯指示品质因数 *Q*、损耗角正切值 *D*，其量值的大小由三位数字显示
3	测量选择		频率：选择测量元件的测量频率（100 Hz、120 Hz、1 kHz）。 方式：选择测量元件的连接方式，有串联、并联两种。 锁定：该仪器量程处于锁定状态时测试速度最高。 LCR：用以选择被测元件电感量 *L*、电容量 *C*、电阻值 *R*，当一种参数被选择时，在"主参量显示"区的左边和"副参量显示"区的右边对应的指示灯亮。对应关系为 *C-D*、*L-Q*、*R-Q*。 清零：该状态首选短路校准，然后开路校准
4	测试输入		四个连接端，两个为"高端"，两个为"低端"。当使用测试盒测试元件时，将被测元件插入测试盒的入口即可；使用仪器配套的连接电缆测试时，应将套有红色套管夹子的两根电缆与"高端"相连，另两根黑色套管夹子的电缆与"低端"相连，不得交叉连接
5	电源开关		按下，电源接通； 弹出，电源断开
6	接地		用于连接被测电容器的屏蔽接地

2. YB2812 型 LCR 数字电桥的操作规程

 扫一扫看 YB2812 型数字电桥操作使用教学课件

YB2812 型 LCR 数字电桥的操作规程如表 3-2 所示。

表 3-2　YB2812 型 LCR 数字电桥的操作规程

步骤	内容	备注
准备工作	（1）在打开电源之前应仔细检查电源线、地线是否接正确。 （2）仪器打开电源，预热 15 min，然后进行测试。 （3）仪器测试夹具应保持清洁，以保证被测件接触良好，且夹具簧片调整至适当的松紧程度。 （4）若被测件为电容器，应先将被测电容器的余电放干净，然后再进行测试	

续表

步　骤	内　容		备　注
被测件的连接	（1）仪器具有四个测试端、一个屏蔽地端，每个测试端均有屏蔽层与机壳相连。屏蔽地端的作用在于减小对地杂散电容的影响和降低电磁干扰。测量时四个测试端应在被测元件引线上连接，形成完整的四端测量，以减小引线及连接点对测试结果的影响（尤其是损耗）。特别是在对低阻抗元件进行检测时，应将驱动端与检测端分开连接至元件的引线端，以防止引线电阻加入被测阻抗。 （2）在较高频率进行测量时应尽可能使用测试夹具，若由于条件所限，则仪器清零时测试线的状态应尽可能与测试时保持一致。使用仪器提供的测试夹具或测试电缆，应满足以下几方面的要求：①分布阻抗必须降至最小；②接触电阻必须降至最小，应使测试端形成完整的四端测量；③触点间必须可以短路和开路清零，以减小分布阻抗对测量的影响		
元件测量	测电容	（1）选择所需的测量参数、等效形式、测量频率等。 （2）连接合适的测量夹具或测试电缆，若测量小电容、小电感、小电阻最好先清零。 （3）将待测元件连接于测试端，即可从主副参量窗口中读出测量结果。 （4）选择测量的电容器应该是稳定的，尽量使用 CB 型、CBB 型、CY 型，使用标准电容更好，切忌使用电解、瓷介、纸介等电容器。 （5）被测电容实际等效电路选用：如频率升高，损耗增加，用串联等效；如频率升高，损耗减小，用并联等效	注意： （1）当被测元件的 Q 或 D 较大甚至接近于 1 时，串、并联测量显示值将出现极大的偏差。 （2）低阻抗元件（$\|Z_x\| \leqslant 10\,\Omega$）使用串联等效电路；高阻抗元件（$\|Z_x\| \geqslant 10\,k\Omega$）使用并联等效电路；当 $10\,\Omega \leqslant \|Z_x\| \leqslant 10\,k\Omega$ 时，可根据实际情况选择合适的等效方式。 （3）信号耦合电容选用串联等效，LC 谐振选用并联等效
	测电阻	电阻尽量使用金属膜电阻，切忌使用碳膜电阻	
	测电感	（1）电感器的测量结果随测试信号和测量频率的不同将有很大的变化。 （2）电感尽量使用固定电感器，使用标准电感更好。切忌使用普通的电感（特别是带铁芯的磁环线圈）。 （3）电感等效电路选用与电容相反	
注意事项	（1）量程锁定：在进行批量同规格的元件测试时，最好使用锁定功能，能提高仪器的测量速度。量程锁定时，若元件阻抗远超出该量程的测量范围，则所显示结果的准确度将大大降低，使用时务必注意。 （2）仪器应在技术指标规定的环境中工作，以免对测量产生影响。 （3）测试夹具性能判别：仪器一旦工作失常，首先应该检查测试夹具的好坏。测试夹具因长期插换元器件，会产生松弛或变形，属于易损件，应经常检查。同时要注意保持测试电缆或夹具的清洁		测量线圈或电容时，可以选择它们的串联等效电路或并联等效电路来进行测量。一般来说，对小容量电容和高阻抗线圈，采用并联等效电路测量，而对电解电容等大容量电容或小阻抗线圈，应采用串联等效电路进行测量

3. YB2812 型 LCR 数字电桥的技术指标

YB2812 型 LCR 数字电桥的技术指标如表 3-3 所示。

扫一扫看 YB2812 型数字电桥操作使用微视频

表 3-3　YB2812 型 LCR 数字电桥的技术指标

指　标	技　术　参　数			备　注
测量频率	100 Hz、120 Hz、1 kHz，误差±0.02%			
测量显示范围	参量	测量频率	测量显示范围	
	L	100 Hz、120 Hz	1 μH～9 999 H	
		1 kHz	0.1 μH～999.9 H	
	C	100 Hz、120 Hz	1 pF～1 999.9 μF	
		1 kHz	0.1 pF～1 999.9 μF	
	R		0.1 mΩ～99.99 MΩ	
	D		0.01%～999%	
	Q		0.01～999	
测量精度	参量	测量频率	精度	下标为 x 者为该参数测量值
	L	100 Hz、120 Hz	$\pm[1\ \mu H+0.25\%(1+L/2\ 000\ H+2\ mH/L)](1+1/Q)$	
		1 kHz	$\pm[0.1\ \mu H+0.25\%(1+L/200\ H+0.2\ mH/L)](1+1/Q)$	
	C	100 Hz、120 Hz	$\pm[1\ pF+0.25\%(1+1\ 000\ pF/C_x+C_x/1\ 000\ \mu F)](1+D_x)$	
		1 kHz	$\pm[0.1\ pF+0.25\%(1+100\ pF/C_x+C_x/100\ \mu F)](1+D_x)$	
	R		$\pm[1\ m\Omega+0.25\%(1+R/2\ M\Omega+2\ \Omega/R)](1+Q)$	
	D	100 Hz、120 Hz、1 kHz	$\pm0.0010(1+D_x^2)$	
	Q	100 Hz、120 Hz、1 kHz	$\pm[0.020+0.25(Q_x+1/Q_x)]\%$	
电容带电冲击保护	电容器上所带电压 V		电容器在所带电压下的最大允许电容量 C_{max}	电容器上所加电压超过极限可能损坏仪器
	1 kV		2 μF	
	400 V		20 μF	
	125 V		200 μF	
	40 V		2 000 μF	
	12.5 V		20 000 μF	
测试信号电平	0.3V_{rms}±10%（空载）			
测试速度	5 次/s			

4. YB2812 型 LCR 数字电桥的内部结构与工作原理

扫一扫看 YB2812 型数字电桥使用示例微视频

1）YB2812 型 LCR 数字电桥的组成

YB2812 型 LCR 数字电桥组成框图如图 3-7 所示，主要由正弦信号源 $\dot{U}_0$、前端测量电路、相敏检波器、A/D 转换器、微处理器、基准相位发生器及键盘、显示电路等组成。

2）YB2812 型 LCR 数字电桥的测量原理

测量原理采用"自由轴法"。为了提高信号源精度，正弦信号源 $\dot{U}_0$ 采用直接数字频率合成信号源（DDS）。图中，R_0 为信号源内阻，R_s 是标准电阻，Z_x 为被测阻抗，A 为高输入阻抗、高增益放大器，主要完成电流-电压变换功能。测量时，开关 S 通过程控置于 $\dot{U}_x$ 或 $\dot{U}_s$ 端。由图 3-7 有：$\dot{U}_x=\dot{I}_0 Z_x$，$\dot{U}_s=-\dot{I}_0 R_s$，则被测阻抗 Z_x 为

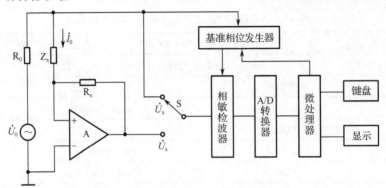

图 3-7　YB2812 型 LCR 数字电桥组成框图

$$Z_x = \frac{\dot{U}_x}{\dot{I}_0} = -\frac{\dot{U}_x}{\dot{U}_s} R_s \qquad (3\text{-}10)$$

由式（3-10）可知，只要测出 $\dot{U}_x$、$\dot{U}_s$ 在直角坐标系中两坐标轴 x、y 上的投影分量，经过运算，即可求出测量结果。图 3-7 中，被测信号与相位参考基准信号经过相敏检波器后，输出就是被测信号在坐标轴上的投影分量。相位参考基准代表着坐标轴的方向，为了得到每一被测电压在两坐标轴上的投影分量，基准相位发生器需要提供两个相位相差 90° 的相位参考基准信号。在测量时，通过开关 S 选择某一被测量，基准相位发生器依次送出两个相位相差 90° 的相位参考基准信号，经相敏检波器后分别得到 $\dot{U}_x$ 在两坐标轴上的投影分量 U_1 和 U_2。类似地，当开关 S 选择 $\dot{U}_s$ 时，可分别得到 $\dot{U}_s$ 在两坐标轴上的投影分量 U_3 和 U_4。各投影分量经 A/D 转换器可得到对应的数字量，再经微处理器计算便得到被测元件的参数值。

下面以电容器的并联等效电路的测量为例，分析其测量原理。由式（3-7）和式（3-8）可得

$$\dot{U}_x = U_1 + jU_2 = N_1 + jN_2 \qquad (3\text{-}11)$$

$$\dot{U}_s = U_3 + jU_4 = N_3 + jN_4 \qquad (3\text{-}12)$$

式中，N_i 为 U_i 对应的数字量。由式（3-11）和式（3-12）可得

$$\frac{\dot{U}_s}{\dot{U}_x} = \frac{N_3 + jN_4}{N_1 + jN_2} = \frac{N_1N_3 + N_2N_4}{N_1^2 + N_2^2} + j\frac{N_1N_4 - N_2N_3}{N_1^2 + N_2^2} \qquad (3\text{-}13)$$

由式（3-10）可得

$$Y_x = -\frac{1}{R_s} \cdot \frac{\dot{U}_s}{\dot{U}_x} = G_x + j\omega C_x \qquad (3\text{-}14)$$

式中，G_x 为介质损耗电导。联立式（3-13）和式（3-14）可得被测电容器的电容值 C_x 为

$$C_x = -\frac{1}{\omega R_s} \cdot \frac{N_1N_4 - N_2N_3}{N_1^2 + N_2^2} \qquad (3\text{-}15)$$

被测电容器的损耗电导为

$$G_x = -\frac{1}{R_s} \cdot \frac{N_1N_3 + N_2N_4}{N_1^2 + N_2^2} \qquad (3\text{-}16)$$

被测电容器的损耗因数为

$$D_{x} = \frac{G_{x}}{\omega C_{x}} = \frac{N_1 N_3 + N_2 N_4}{N_1 N_4 - N_2 N_3} \tag{3-17}$$

3）正弦信号源与相敏检波器

在图 3-7 中，正弦信号源、相敏检波器及基准相位发生器是数字电桥的关键部分。

（1）正弦信号源

为了保证测试的精度，要求信号源 $\dot{U}_0$ 产生的正弦信号波形失真小、幅值稳定。本电桥采用直接数字频率合成（DDS）技术产生正弦信号源。DDS 具有系统稳定性强，相位、频率精确可调的优点。图 3-8 所示为 DDS 正弦信号源及相敏检波器原理框图。

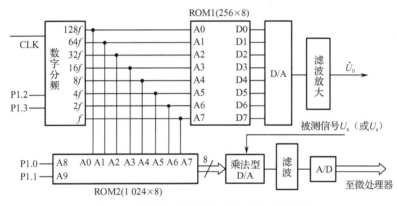

图 3-8　正弦信号源及相敏检波器原理框图

图中，时钟信号 CLK 经分频器后，得到 2^n 倍频率关系的 8 路信号，作为 ROM1 的地址输入。ROM1 存放有 256 个按正弦规律变化的数据，即每一个存储单元存储的样点数据与其地址之间的关系和正弦波的幅值与时间轴的关系一致。在分频器输出 8 路信号作用下，ROM1 依次输出正弦曲线样点数据，经 D/A 转换器后输出阶梯正弦波，再经滤波、放大，就得到了测试用的正弦激励信号。信号基本频率由单片机的 P1.2 和 P1.3 控制，若 P1.2、P1.3 分别为 00、10、01，则基本频率依次为 100 Hz、120 Hz、1 kHz。

（2）基准相位发生器

基准相位发生器由 ROM2 实现。ROM2 的高两位地址 A9、A8 由单片机的 P1.1 和 P1.0 提供，低 8 位地址 A7～A0 与 ROM1 地址对应相连。ROM2 分为 4 个区，每区有 64 个数据，分别代表了 4 组相差 90° 的正弦波信号值。由 P1.0、P1.1 选择不同的区域，当 P1.1、P1.0 分别为 00、01、10、11 时，ROM2 依次输出相位相差 90° 的正弦信号（相位参考基准信号）。

（3）相敏检波器

相敏检波器由乘法型 D/A 转换器和低通滤波器构成。乘法型 D/A 转换器用于实现数字鉴相。ROM2 输出的 8 位数字式基准正弦信号送到 8 位乘法型 D/A 转换器，与加至 D/A 转换器参考电压 U_{REF} 端的被测电压 $\dot{U}_x$ 或 $\dot{U}_s$ 相乘，再经低通滤波便得到被测信号 $\dot{U}_x$ 或 $\dot{U}_s$ 在坐标轴上的投影分量。其工作过程分析如下：先使 P1.1、P1.0=00，设 ROM2 输出正弦信号为 $\cos(\omega t)$，被测信号 $\dot{U}_x = U_m \cos(\omega t + \varphi)$，经乘法型 D/A 转换器后输出为

$$U_m \cos(\omega t + \varphi) \cdot \cos(\omega t) = \frac{1}{2} U_m [\cos(2\omega t + \varphi) + \cos \varphi] \tag{3-18}$$

经低通滤波器后输出为 $U_m \cos\varphi$，它是被测信号 $\dot{U}_x$ 在 x 坐标轴上的投影分量。然后使

P1.1、P1.0=01，实现 90°移相操作，此时 ROM2 输出为 $\cos\left(\omega t + \dfrac{\pi}{2}\right)$，被测信号 $\dot{U}_x$ 仍然为

$\dot{U}_x = U_m \cos(\omega t + \varphi)$，则 D/A 转换器输出为

$$U_m \cos(\omega t + \varphi) \cdot \cos\left(\omega t + \frac{\pi}{2}\right) = \frac{1}{2} U_m \left[\cos\left(2\omega t + \varphi + \frac{\pi}{2}\right) + \sin\varphi\right] \qquad (3\text{-}19)$$

经低通滤波即可得到 $\dot{U}_x$ 在 y 坐标轴上的投影分量 $U_m \sin\varphi$。同理，可以得到 $\dot{U}_s$ 在 x、y 坐标轴上的投影分量。最后，各投影分量经 A/D 转换器可得到对应的数字量，再经微处理器计算便得到被测元件的参数值。

技能实训4　用 YB2812 型 LCR 数字电桥测试电子元件

扫一扫看 YB2812 型数字电桥技能实训教学课件

1.　实训目的

（1）会操作 YB2812 型 LCR 数字电桥。

（2）会用 YB2812 型 LCR 数字电桥测试电子元件。

2.　实训器材

（1）YB2812 型 LCR 数字电桥　　　　　　　　　　　1 台。

（2）阻值在几欧至几百千欧的电阻　　　　　　　　　若干。

（3）高 Q 及低 Q 的电感器　　　　　　　　　　　　若干。

（4）标称值在几十皮法至几百微法的电容器　　　　　若干。

3.　实训内容及步骤

1）电阻器的测量

为保证仪器的测量准确度，测量电阻器前可进行"短路清零"。测量步骤如下：

（1）测量频率选择：按"频率"键，"100 Hz"、"120 Hz"、"1 kHz"三种频率可任选。

（2）测量方式选择：按"方式"键，"串"、"并"可任选。

（3）按"L.C.R"键，在"主参量显示"功能区中使"R"灯亮。

（4）在测试盒上插入被测电阻，即可测量电阻值。将测量结果填入表 3-4 中。

表 3-4　电阻测量

电　　　阻	标　称　值	数字电桥测量值	相　对　误　差
1			
2			

2）电容器的测量

为保证仪器的测量准确度，测量电容器前可进行"开路清零"。测量步骤如下：

（1）测量频率选择：可根据电容器容量大小进行选择。一般在测量电容量小的电容器时，要选较高的频率。

（2）测量方式选择：选择"串联"或"并联"。

（3）按"L.C.R"键，在"主参量显示"功能区中使"C"灯亮。

（4）在测试盒上接入被测电容，即可测得电容器的电容量和损耗因数 D。将测量结果填入表 3-5 中。

表 3-5　电容测量

电　容	标　称　值	数字电桥测量值		电容量相对误差
		电　容　量	损耗因数 D	
1				
2				

3）电感器的测量

为保证仪器的测量准确度，测量电感器前要进行"短路清零"。测量步骤如下：

（1）测量频率选择：一般在测量电感量小的电感器时，要选择较高的频率。

（2）测量方式选择：选择"串联"或"并联"。

（3）按"L.C.R"键，在"主参量显示"功能区中使"L"灯亮。

（4）在测试盒上接入被测电感，即可测得电感量和品质因数 Q。将测量结果填入表 3-6 中。

表 3-6　电感测量

电　感	标　称　值	数字电桥测量值		电感量相对误差
		电　感　量	品质因数 Q	
1				
2				

4．实训小结

（1）记录实施过程中遇到的问题并进行分析。

（2）写出你的收获和反思。

任务 3.2 用半导体管特性图示仪测试电子器件参数

电子器件参数主要包括电子器件的特性曲线和各种相关参数等，对它的测试常用半导体管特性图示仪。

3.2.1 半导体管特性图示仪的功能与特点

扫一扫看晶体管图示仪结构及测量原理微视频

1. 半导体管特性图示仪的功能

半导体管特性图示仪是一种应用广泛的半导体分立器件测试仪器，它可用于二极管、三极管、场效应晶体管的特性曲线和相关参数测试，还可以迅速比较两个同类晶体管的特性，以便于挑选配对。

2. 半导体管特性图示仪的特点

（1）广泛性。可对二极管、三极管、场效应晶体管等器件进行测试，使用范围广。

（2）直观性。将晶体管的特性曲线直接显示在示波管的屏幕上，可直接读数，进行分析等。

（3）全面性。可对半导体器件的多个参数进行测试。

3.2.2 半导体管特性图示仪的内部结构与工作原理

扫一扫看晶体管图示仪结构及测量原理教学课件

1. 半导体管特性图示仪的内部结构

半导体管特性图示仪内部结构框图如图 3-9 所示。

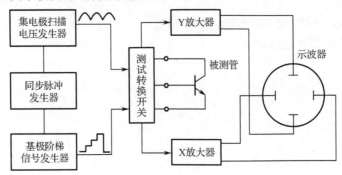

图 3-9 半导体管特性图示仪内部结构框图

半导体管特性图示仪由集电极扫描电压发生器、基极阶梯信号发生器、同步脉冲发生器、测试转换开关、X 放大器、Y 放大器和示波管等部分组成。

（1）集电极扫描电压发生器：可产生集电极扫描电压，它是正弦半波，幅值可以调节，用于形成水平扫描线。

（2）基极阶梯信号发生器：可产生基极阶梯电流信号，阶梯高度可以调节，用于形成多条曲线簇。

（3）同步脉冲发生器：用来使基极阶梯信号和集电极扫描电压保持同步，使其正确稳定地显示图形（特性曲线）。

（4）测试转换开关：当测试不同接法和不同类型的晶体管特性曲线和参数时，用此开关进行转换。

（5）X 放大器和 Y 放大器：用于把从被测器件上取出的电压信号进行放大，然后送至示波管的相应偏转板上，以形成特性曲线。

（6）示波管：它与通用示波器基本相同。

2. 半导体管特性图示仪的工作原理

（1）二极管特性曲线的测试原理框图如图 3-10 所示。

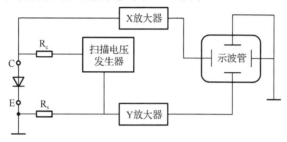

图 3-10　二极管特性曲线的测试原理框图

流过二极管的电流与其两端电压之间的关系称为二极管的伏安特性。二极管两端电压由扫描电压发生器产生，经 X 放大器放大后送至示波管水平偏转板，以控制光点在水平方向的运动；同时，将流过二极管的电流通过取样电阻 R_s 转换成电压，经 Y 放大器放大后加至示波管垂直偏转板，以控制光点在垂直方向的运动。两者的共同作用使得在屏幕上显示被测二极管的伏安特性曲线。

（2）三极管输出特性曲线测试原理框图如图 3-11 所示。

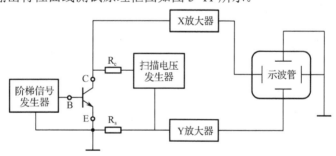

图 3-11　三极管输出特性曲线测试原理框图

R_s 为集电极电流 I_C 的取样电阻，其两端电压与 I_C 成正比，经 Y 放大器放大后，送入示波管 Y 偏转板，使示波管屏幕上的光点在垂直方向上产生与 I_C 成正比的位移。集电极电压是由 50 Hz 的市电经全波整流后得到的 100 Hz 正弦半波电压，经 X 放大器放大后加至示波管的水平偏转板上，使荧光屏上的光点在水平方向上产生与之成正比的位移。最后，在屏幕上显示的特性曲线是以基极电流 I_B 为参变量的 I_C 与 U_{CE} 之间的关系曲线。对应于 I_B 的每一阶梯作出一条曲线，最后在屏幕上得到一簇特性曲线。

（3）场效应管输出特性曲线测试原理框图如图 3-12 所示。

场效应管的输出特性是以 u_{GS} 为参变量，i_D 与 u_{DS} 之间的关系曲线。由于场效应管是电压控制器件，所以测量时测试信号是阶梯电压而不是阶梯电流。

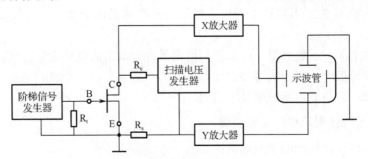

图 3-12　场效应管输出特性曲线测试原理框图

3.2.3　CA4810 型半导体管特性图示仪

CA4810 型半导体管特性图示仪是一种用示波管显示半导体器件各种特性曲线，并可测量其静态参数的测试仪器。

1. CA4810 型半导体管特性图示仪的面板

（1）CA4810 型半导体管特性图示仪的面板如图 3-13 所示。

扫一扫看初识 CA4810 型半导体管特性图示仪微视频

扫一扫看 CA4810A 型半导体管特性图示仪使用示例微视频

图 3-13　CA4810 型半导体管特性图示仪的面板

CA4810 型半导体管特性图示仪面板上的开关、旋钮按功能可划分为六个部分：电源及示波管控制部分、集电极电源、Y 轴部分、X 轴部分、显示部分及阶梯信号部分。各部分开关及旋钮的功能说明如表 3-7 所示。

表 3-7　CA4810 型半导体管特性图示仪面板的各控件功能

名　称	照　片	功　能
显示屏		显示被测器件曲线

续表

名　称	照　片	功　能
电源及示波管控制		这一部分包括"聚焦"、"辅助聚焦"、"辉度"及"电源开关"。其中"辉度"与"电源开关"由一推拉式电位器组成,旋钮轴柄拉出时电源接通,指示灯亮,其余与示波器相同
峰值电压范围		用于选择集电极电源电压的最大值。其直流挡有 0～10 V（5 A）、0～50 V（1 A）、0～100 V（0.5 A）与 0～500 V（0.1 A）四挡。按下时集电极电源极性为负,弹起为正,分别供测试 PNP、NPN 型晶体管用。"AC"挡提供双向扫描,同时显示器件正反向的特性曲线
峰值电压%		使集电极电源在确定的峰值电压范围内连续变化
容性平衡		调节仪器内部的电容性电流,使之当 Y 轴为较高电流灵敏度时容性电流最小,即屏幕上的水平线基本重叠为一条。一般情况下无须经常调节这两个旋钮
辅助平衡		针对集电极变压器次级绕组对地电容的不对称,再次进行容性平衡调节
功耗限制电阻		用于改变集电极回路中电阻的大小。测量反向特性时应置于高阻挡
电流/度		是一种具有 22 挡四种偏转作用的开关。可用来转换二极管反向漏电流 I_R 及三极管集电极电流 I_C 的量程。集电极电流 I_C 从 10 μA/度～0.5 A/度共分 15 挡,二极管反向电流 I_R 从 0.2 μA/度～5 μA/度共分 5 挡。当开关置于"⌐⌐"（该挡称作"基极电流或基极源电压"）位置时,可使屏幕 Y 轴代表基极电流或电压;当开关置于"外接"时,Y 轴系统处于外接状态,外输入端位于仪器右侧面
移位		垂直移位

续表

名　　称	照　　片	功　　能
电压/度	水平　　伏/度	是一种具有 17 挡四种偏转作用的开关，可用来转换集电极电压 U_{CE} 及基极电压 U_{BE} 的量程，集电极电压 U_{CE} 从 0.05 V/度～50 V/度共分 10 挡，基极电压 U_{BE} 从 0.05 V/度～1 V/度共分 5 挡。当开关置于"⌐" 位置时，可使屏幕 X 轴代表基极电流或电压；当开关置于"外接"时，X 轴系统处于外接状态，外输入端位于仪器左侧面
移位	移位	使光迹左右移位
电压-电流/级	电压-电流/级	即阶梯信号选择开关，用于确定每级阶梯的电压值或电流值。此开关是一个具有 22 挡两种选择作用的开关，基极电流从 0.2 μA/级～50 mA/级共分 17 挡；基极电压从 0.05 V/级～1 V/级共分 5 挡
调零	调零	用于调节阶梯信号起始级的电平，正常时该级应为零电平
串联电阻	串联电阻Ω 1 k 10 k 100 k	用于改变阶梯信号与被测管输入端之间所串接的电阻的大小，但只有当"电压-电流/级"开关置于电压挡时，本开关才有作用
级/簇	级/簇	用于调节阶梯信号一个周期的级数，可在 1～10 级之间连续调节
+、-	+　　-	+、-极性按键开关用于确定阶梯信号的极性，具体选取根据被测半导体器件的需要而定
重复 单簇一按	重复 按——单簇	当"重复"按键开关弹起时，阶梯信号重复出现，用作正常测试；当开关按下时，阶梯信号处于待触发状态。"单簇一按"按钮与"重复一关"按键开关配合使用。当阶梯信号处于调节好的待触发状态时，按下该钮，对应指示灯亮，阶梯信号出现一次，然后又回至待触发状态

（2）CA4810 型半导体管特性图示仪测试台面板如图 3-14 所示。

图 3-14 CA4810 型半导体管特性图示仪测试台面板

CA4810 型半导体管特性图示仪测试台面板控件功能如表 3-8 所示。

表 3-8 CA4810 型半导体管特性图示仪测试台面板控件功能

名 称	照 片	功 能
"左"按键		开关按下时，接通测试台左边的被测管
"右"按键		开关按下时，接通测试台右边的被测管
"双簇"按键		开关按下时，图示仪自动地交替接通左、右两只被测管，此时可从屏幕上同时观测到两管的特性曲线，以便对它们进行比较
"零电压"按钮		按钮按下时，将被测管的基极接地，可用于测量三极管 I_{CES} 和 BU_{CES} 等参数。此时基极与发射极短路
"零电流"按钮		按钮按下时，将被测管的基极开路，可用于测量 I_{CEO}、BU_{CEO} 等参数
被测件连接口		被测量的器件在此插入，右侧相对应也有连接口

2. CA4810 型半导体管特性图示仪的操作规程

CA4810 型半导体管特性图示仪的操作规程如表 3-9 所示。

表 3-9 CA4810 型半导体管特性图示仪的操作规程

步 骤	内 容	备 注
1. 准备工作	（1）按下电源开关，指示灯亮，预热 5～10 min。 （2）调节辉度、聚焦及辅助聚焦，使光点清晰。 （3）将"峰值电压"旋钮逆时针旋到底，使集电极扫描电压为 0 V，峰值电压范围、极性、功耗电阻等开关置于测试所需位置	

续表

步 骤	内 容	备 注
2. 放大器增益检查（10 度校准）	调节两个"移位"旋钮，将光点移至屏幕的左下方（即标尺刻度的左下角），按下"校准"旋钮，光点应在屏幕有（实线）刻度的范围内从左下角跳向右上角。否则应用小螺丝刀调整 X 或 Y 的增益微调。 在检查放大器增益时，还要求对基极电压 U_{BE} 的五个挡均进行检查。检查的方法是：阶梯信号部分的"级/簇"旋钮顺时针调到底；将 X 轴部分的"电压/度"开关和阶梯信号部分的"电压-电流/级"开关置于相同的挡级，此时，11 个光点应分布在水平方向的相应刻度上，如右图所示	
3. 检查放大器的对称性	"电压/度"和"电流/度"开关均置于"⊓"位置，显示部分的三个按键开关均弹起，使仪器处于显示状态；阶梯信号部分的"重复-一关"按钮弹出，"+、-"极性开关弹出，"电压-电流/级"开关置于任意位置。此时，屏幕上应显示出一列沿对角线排列的亮点，如右图所示	
4. 检查阶梯波	集电极电压置于"+"，峰值电压范围的"10 V"按键按下，"功耗限制"电阻Ω开关置于"1 k"左右；"电流/度"开关置于"⊓"；"电压/度"开关置于"U_{CE} 为 1 V"；阶梯信号部分的有关面板装置同检查放大器的对称性。 调节"峰值电压%"旋钮，使荧光屏上出现如右图所示的阶梯信号校正图形	
5. 阶梯调零	在测试晶体管前，应先把阶梯信号的起始级调到零电位。在荧光屏上看到基极阶梯信号后，按下测试台上的"零电压"按钮，观察"零电压"位置时光点的位置，复位后调节"阶梯调零"旋钮，使阶梯信号的起始级光点也位于该处，这样阶梯信号的零电位即被准确校正	
6. 测量	根据被测器件的性质和测试要求，调节图示仪上各部分的开关、旋钮到合适位置，然后插上被测器件，缓慢地增大峰值电压，荧光屏上即有曲线显示	
7. 仪器复位	复位时，要求将"峰值电压范围"置于"10 V"，"峰值电压%"旋至"0"处，"功耗限制电阻"置于 1 kΩ以上挡，阶梯信号"电压-电流/级"置 10 μA 以下挡位。然后关闭电源	
注意事项	（1）对被测管的主要直流参数有大概了解，特别是 P_{CM}、I_{CM}、BU_{EBO}、BU_{CBO}；选择合适的阶梯电流或电压，一般先小一点，然后再增大，测试时不要超过 P_{CM}。 （2）对不同管型的测试，要选择好扫描和阶梯信号的极性。 （3）根据被测管选择合适的扫描电压范围。一般先将峰值电压调至零。测试反向特性时，功耗电阻选大一些，同时将 X、Y 偏转开关置于合适挡位。测试时扫描电压应从零调节到需要值。 （4）测试大功率器件及测试器件极限参数时，一般采用"单簇"为宜。 （5）测试 I_C 或 I_{CM} 时，集电极电压的选择不应超过仪器规定的最大电流。 （6）仪器使用完毕应及时将峰值电压调至零	

3. CA4810 型半导体管特性图示仪的技术指标

CA4810 型半导体管特性图示仪的技术指标如表 3-10 所示。

表 3-10　CA4810 型半导体管特性图示仪的技术指标

集电极扫描信号	输出电压范围及电流容量 0～10 V 5 A，0～50 V 1 A，0～100 V 0.5 A，0～500 V 0.1 A
功耗限制电阻	0～0.5 MΩ，分 11 挡
基极阶梯信号	阶梯电流 0.2 μA/级～50 mA/级，分 17 挡
	阶梯电压 0.05 V/级～1 V/级，分 5 挡

续表

Y 轴偏转系数	集电极电流 10 μA/div～0.5 A/div，分 15 挡
	二极管反向漏电流 0.2 μA/div～5 μA/div，分 5 挡
	倍率×0.1
X 轴偏转系数	集电极电压 0.05 V/div～50 V/div，分 10 挡
	基极电压 0.05 V/div～1 V/div，分 5 挡
二簇显示	二簇曲线左右分列显示并可左右位移

技能实训 5　用半导体管特性图示仪测试半导体器件

1. 实训目的

（1）学会半导体管特性图示仪的使用。

（2）学会用半导体管特性图示仪测量晶体管参数。

2. 实训器材

（1）CA4810 型半导体管特性图示仪　　　　　　　　　　　　　　　1 台。

（2）二极管 2CW19、1N4001，三极管 9013、9012，场效应管 3DJ6 等　若干。

3. 实训内容及步骤

1）整流二极管 1N4001 的测试

（1）正向特性的测量：测量时，将屏幕上的光点移至左下角，图示仪面板上的有关开关、旋钮置于表 3-11 所示位置。

表 3-11　1N4001 二极管正向特性测试时仪器部件的位置

部　　件	置　　位	部　　件	置　　位
峰值电压范围	AC 0～10 V	X 轴"电压/度"	0.1 V/度
集电极电源极性	+	阶梯"重复—关"	关
功耗限制电阻	250 Ω	Y 轴"电流/度"	10 mA/度

被测二极管按图 3-15（a）连接，调节"峰值电压%"旋钮使峰值电压逐渐增大，则屏幕上将显示出如图 3-15（b）所示的正向特性曲线，由该曲线即可进行正向压降的测量。

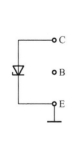

（a）连接方式

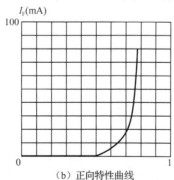

（b）正向特性曲线

图 3-15　二极管的测量

（2）反向特性的测量：将屏幕上光点移至右上角，图示仪面板上的有关开关、旋钮置于表 3-12 所示位置。

表 3-12　1N4001 二极管反向特性测试时仪器部件的位置

部　件	置　位	部　件	置　位
峰值电压范围	100 V	X 轴"电压/度"	20 V/度
集电极电源极性	－	阶梯"重复—关"	关
功耗限制电阻	25 kΩ	Y 轴"电流/度"	10 μA/度

被测二极管仍按图 3-15（a）连接，逐渐增大峰值电压，则屏幕上将显示出如图 3-16 所示的曲线，即二极管的反向特性曲线。在曲线拐弯处所对应的 X 轴上读测电压，即得被测管的反向击穿电压。

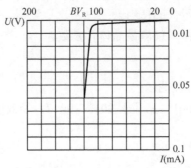

图 3-16　二极管反向特性曲线

2）稳压二极管 2CW19 的测试

测试稳压二极管 2CW19，仪器部件位置如表 3-13 所示。

表 3-13　2CW19 稳压二极管测试时仪器部件的位置

部　件	置　位	部　件	置　位
峰值电压范围	AC 0～10 V	X 轴集电极电压	5 V/度
功耗限制电阻	5 kΩ	Y 轴集电极电流	1 mA/度

稳压管按图 3-17（a）连接，逐渐增大峰值电压，屏幕上将显示出如图 3-17（b）所示的正、反向特性曲线。

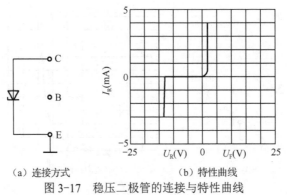

（a）连接方式　　　　　（b）特性曲线

图 3-17　稳压二极管的连接与特性曲线

将二极管测试结果记录于表 3-14 中。

表 3-14　二极管测试结果记录

参数\管型	正向导通电压	反向击穿电压	特 性 曲 线
1N4001			
2CW19			

3）三极管的测试

以 NPN 型三极管 9013 为例进行测量。由于三极管具有不同的管型，测量时要根据不同的管型选择扫描电压极性和阶梯波极性，具体选择如表 3-15 所示。

表 3-15　扫描电压极性和阶梯波极性

管　型	组　态	扫描电压极性	阶梯波极性
NPN	共发	+	+
PNP		−	−

将屏幕上的光点移至左下角，对阶梯信号调零，将面板上的有关开关、旋钮置于表 3-16 所示位置。

表 3-16　测试晶体管输出特性时仪器控件的位置

控件名称	置　位	控件名称	置　位
峰值电压范围	0～10 V	Y 轴集电极电流	1 mA/度
集电极电源极性	+	阶梯信号	重复
功耗电阻	250 Ω	阶梯极性	+
X 轴集电极电压	1 V/度	阶梯选择	20 μA

先将"级/簇"旋钮旋至适中位置，三极管按图 3-18（a）连接，逐渐增大峰值电压，则屏幕上将显示出一簇输出特性曲线，如图 3-18（b）所示。

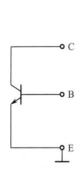
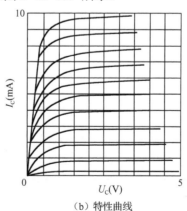

（a）连接方式　　　　　　　（b）特性曲线

图 3-18　三极管测量

β是三极管的交流电流放大系数，其定义是在规定的 U_{CE} 条件下，集电极电流的变化量 ΔI_C 与基极电流的变化量 ΔI_B 之比，即

$$\beta = \Delta I_C / \Delta I_B \quad (U_{CE}=常数) \tag{3-20}$$

4）PNP 型三极管的测试

以 PNP 型三极管 9012 为例进行测量。PNP 型管与 NPN 型管的测量方法相似，差别仅在于集电极电源和阶梯信号的极性，以及屏幕上光点的起始位置，测量时先将屏幕上的光点移至右上角。PNP 型管参数的测量可参照 NPN 型管的测量方法进行。将三极管的测试结果记录于表 3-17 中。

表 3-17　三极管测试结果

参数 管型	输出特性曲线	β
9013		
9012		

5）NPN 型晶体管二簇特性曲线比较测试

以 NPN 型晶体管 3DG6 为例，查手册得知 3DG6 晶体管输出特性的测试条件为 $I_C=10\ mA$，$U_{CE}=10\ V$。测试时，仪器各部件的位置如表 3-18 所示。

表 3-18　二簇特性曲线测试时仪器部件的位置

部　件	位　置	部　件	位　置
峰值电压范围	0～10 V	Y 轴集电极电流	1 mA/度
极性	+	"重复—关"开关	重复
功耗限制电阻	250 Ω	阶梯信号选择开关	10 μA/级
X 轴集电极电压	1 V/度	阶梯极性	+

将被测的两只晶体管分别插入测试台左、右插座内，参数调至理想位置。按下测试选择按钮的"二簇"琴键，逐步增大峰值电压，即可在荧光屏上显示二簇特性曲线，如图 3-19 所示。

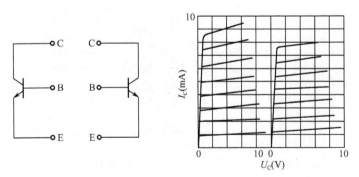

图 3-19　二簇输出特性曲线

当测试配对管要求很高时，可调节"二簇位移旋钮"，使右簇曲线左移，视其曲线重合程度，即可判定其输出特性的一致程度。

6）场效应管的测量

将被测场效应管 D、G、S 极分别插入图示仪测试插座的 C、B、E 插孔，按下被测管一方的测试选择按钮，根据被测管沟道的性质，选择扫描电压极性和阶梯信号极性。对于 N 沟道场效应管，扫描电压选"+"，阶梯信号选"-"；对于 P 沟道场效应管，扫描电压选"-"，阶梯信号选"+"。测试时，对于 N 沟道场效应管，应调节 X、Y 轴位移，使光点位于屏幕左下方零点位置；对于 P 沟道场效应管，应调节 X、Y 轴位移，使光点位于屏幕右上方零点位置。下面以 N 沟道 3DJ6F 场效应管为例，说明场效应管的具体测试方法。测试时仪器控件的位置如表 3-19 所示。

表 3-19　3DJ6F 场效应管测试时仪器控件的位置

控 件 名 称	输 出 特 性	转 移 特 性
峰值电压范围	0～10 V	0～10 V
集电极极性	+	+
功耗限制电阻	1 kΩ	1 kΩ
X 轴集电极电压	1 V/度（实为 U_{DS} 值）	0.2 V/度（基极源电压）
Y 轴集电极电流	2 mA/度（实为 I_D 值）	5 mA/度（实为 I_D 值）
"重复—关"开关	重复	重复
阶梯极性	–	–
阶梯信号选择开关	0.2 V/级	0.2 V/级

首先将被测管按表 3-19 提供的参数做好测试前的准备工作，然后缓慢调节峰值电压，荧光屏上就会显示出输出特性曲线，如图 3-20（a）所示。

如果要显示转移特性曲线，只需将 X 轴选择开关旋转到基极源信号位置，就能显示出如图 3-20（b）所示曲线，从曲线上可直接读出夹断电压（U_P）和饱和漏电流（I_{DSS}）的值。应当指出，不论场效应管是结型还是绝缘栅（MOS）型，测量时都应特别注意不能使漏源电压 U_{DS}、栅源电压 U_{GS}、耗散功率 P_{DM} 及最大电流 I_{DM} 超过额定值。此外，对 MOS

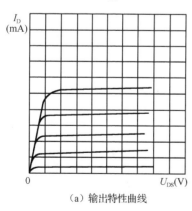

（a）输出特性曲线

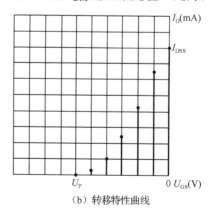

（b）转移特性曲线

图 3-20　3DJ6F 的测试

型场效应管还应避免因感应电压过高而造成管子击穿，其方法是不使栅极悬空，即保证栅源极之间有直流通路。测量时可将"电压-电流/级"开关置于电压挡，若该开关置于电流挡，则应在栅极之间并接电阻。施加于结型场效应管的阶梯极性不能接反，否则 PN 结处于正偏，极易烧坏管子。将场效应管的测试结果记录于表 3-20 中。

表 3-20 场效应管测试结果

参数 管型	输出特性曲线	g_m	转移特性曲线	I_{DSS}	U_P
3DJ6F					

4. 实训小结

（1）记录实施过程中遇到的问题并进行分析。

（2）写出你的收获和反思。

扫一扫看 XJ4810
型晶体管图示仪操
作使用教学课件

扫一扫看 XJ4810
型晶体管图示仪
操作使用微视频

扫一扫看 XJ4810
型晶体管图示仪
技能实训微视频

任务 3.3　用频率特性测试仪测试声表面波滤波器的幅频特性

声表面波滤波器（SAWF）是利用压电晶体表面传播机械波（超声波）时引起周期性机械形变，以及压电效应使机械振动与交变电信号相互转换这一特点而制成的固体元件。

声表面波滤波器如图 3-21 所示，其在电子整机（电视机、手机等）中的应用较为广泛。使用声表面波滤波器后，可一次性形成中放通道所需的幅频特性。可用频率特性测试仪（简称扫频仪）对声表面波滤波器的幅频特性进行测试。扫频仪是一种能在示波管屏幕上直接显示被测电路幅频特性曲线的图示测量仪器。

（a）实物图

（b）符号示意图

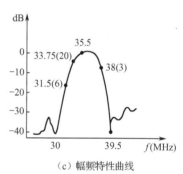

（c）幅频特性曲线

图 3-21　声表面波滤波器

任务工作单

扫频仪的使用——任务工作单		
测试目的	1. 掌握 BT3C-B 型频率特性测试仪面板装置的操作方法； 2. 会用 BT3C-B 型频率特性测试仪测试单调谐放大电路的幅频特性	
测试仪表	名　称	型　号	数　量
	扫频仪	BT3C-B 型	1 台
	稳压电源		1 台
	单调谐放大器电路板		1 块
测试要求	1. 仔细阅读《电子测量仪器》教材相关内容； 2. 弄懂扫频仪测试的原理	
注意事项	1. 进行零分贝校正后，Y 增益旋钮不能再改变； 2. 零频的正确识别	

3.3.1　扫频仪的种类和技术指标

扫频仪可以用来测定各种网络（如调谐放大器、宽频放大器、各种滤波器等）的幅频特性、相频特性、通频带及增益等性能参数，是一种快速、简便、实时、动态的测量仪器，广泛应用于无线通信、广播电视、电子工程等领域。

1. 扫频仪的种类

1）按用途划分

扫频仪可分为通用扫频仪、专用扫频仪、宽带扫频仪、阻抗图示仪等。

2）按频率划分

扫频仪可分为低频扫频仪、高频扫频仪、电视扫频仪等。

2. 扫频仪的主要技术指标

1）扫频宽度和中心频率

扫频宽度也称扫频频偏，是指在扫频线性和幅度平稳性符合要求的前提下，一次扫频能达到的最大频率范围，即

$$\Delta f = f_{\max} - f_{\min} \tag{3-21}$$

式中，Δf 为扫频宽度；$f_{\max}$、$f_{\min}$ 为一次扫频时能达到的最高和最低瞬时频率。

扫频中心频率定义为

$$f_{o} = \frac{f_{\max} + f_{\min}}{2} \tag{3-22}$$

相对扫频宽度定义为

$$\frac{\Delta f}{f_{o}} = 2 \cdot \frac{f_{\max} - f_{\min}}{f_{\max} + f_{\min}} \tag{3-23}$$

通常把 Δf 远小于信号瞬时频率值的扫频信号称为窄带扫频，把 Δf 可以和信号瞬时频率相比拟的扫频信号称为宽带扫频。

2）扫频线性系数

扫频线性系数表示扫频信号频率与扫描电压之间线性相关的程度，定义为

$$k = \frac{(\mathrm{d}f / \mathrm{d}u)_{\max}}{(\mathrm{d}f / \mathrm{d}u)_{\min}} \tag{3-24}$$

在一定的扫频范围内，k 越接近 1，说明扫频线性越好。

3）扫频信号的寄生调幅系数

扫频信号存在寄生调幅是难免的，为了保证测量的准确度，寄生调幅系数应控制在 10%以内。

4）频率标记

频率标记一般有 1 MHz、10 MHz、50 MHz 及外接四种。

5）输出阻抗

扫频信号发生器的输出阻抗一般为 75 Ω。

3.3.2 扫频仪的内部结构与工作原理

1. 扫频仪的内部结构

扫频仪的原理框图与工作波形如图 3-22 所示。

扫一扫看扫频仪结构及测量原理教学课件

扫一扫看扫频仪结构原理微视频

（1）扫描电压发生器：用来产生扫描电压。一方面为示波器 X 偏转板提供扫描信号；另一方面又用来控制扫频信号发生器，使其产生扫频信号。

（2）扫频信号发生器：用来产生扫频信号。所谓扫频信号是指信号的频率随时间从低到高周期性地变化。

（3）频标信号形成电路：用来产生频率标志信号，即在被显示的频率特性曲线上附加频率标记。利用"频标"来确定曲线上任一点所对应的频率值。

2. 扫频仪的工作原理

在图 3-22（a）中，扫频信号加至被测电路，检波探头对被测电路的输出信号进行峰值检波，并将检波所得信号送往示波器 Y 放大电路，该信号的幅度变化正好反映了被测电路的幅频特性，因而在屏幕上能直接观察到被测电路的幅频特性曲线。扫频仪各关键点的信号波形如图 3-22（b）所示。

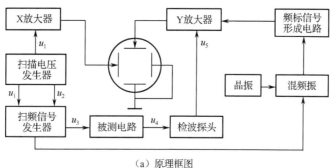

（a）原理框图

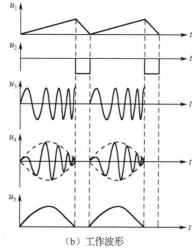

（b）工作波形

图 3-22　扫频仪的原理框图与工作波形

1）对扫频信号源的要求

（1）中心频率范围宽，且可连续调节。

（2）扫频宽度（频偏）要宽，并可任意调节。

（3）寄生调幅要小。理想的调频波应是等幅波。

（4）扫频线性度要好。

2）扫频信号的产生方法

（1）变容二极管扫频：变容二极管扫频是用改变振荡回路中的电容量，以获得扫频的一种方法。它将变容二极管作为振荡器选频电路中电容的一部分，扫频振荡器工作时，将调制信号反向地加到变容二极管上，使二极管的电容随调制信号变化而变化，进而使振荡器的振荡频率也随着变化，以达到扫频的目的。改变调制电压的幅度可以改变扫频宽度，即改变扫频振荡器的频偏。改变调制电压的变化速率可改变扫频速度。

（2）磁调制扫频：磁调制扫频是用改变振荡回路中带磁芯的电感线圈的电感量，以获得扫频的一种方法。在磁调制扫频电路中，通常调制电流为正弦波，即采用正弦波扫频。调制信号直接取自 50 Hz 交流市电。通过电位器调节输入的 50 Hz 市电信号幅度，可调节扫频信号频偏大小。由于磁性材料存在一定的磁滞，在调制电流的一个周期内，磁导系数的变化并非按同一轨迹往返，即正向调制和反向调制的扫频线性不同。为使观察时图形清晰，必须使扫频振荡器工作在单向扫频状态，回扫时令振荡器停振，屏幕显示零基线。

3）频标产生电路

扫频仪采用在幅频特性曲线上叠加频标的方法进行频率标度。频标一般用"差频法"产生，其原理框图如图 3-23 所示。

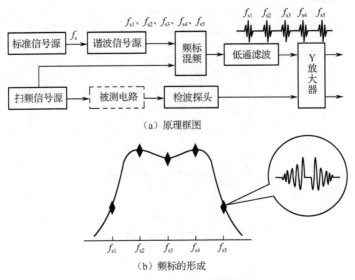

（a）原理框图

（b）频标的形成

图 3-23　频标产生原理框图

图 3-23（a）中，扫频信号与标准信号的基波和谐波进行混频而得到"零差频"的菱形频标，如图 3-23（b）所示。设标准信号频率为 f_s，则谐波信号源输出信号频率为基波 f_{s1} 及各次谐波 $f_{s2}, f_{s3}, f_{s4}, f_{s5}, \cdots$。扫频信号与谐波信号源输出信号经混频器混频后，再经低频带通滤波器输出差频信号，由此得到一系列零差频点。例如，在 $f=f_{s1}$ 处差频为零，而 f 在 f_{s1} 点附近，离 f_{s1} 点越远差频越大，由于滤波器的选通性，在靠近零差频点的幅度最大，两边信号幅度迅速衰减，于是在 $f=f_{s1}$ 处形成"菱形"频标。同理，在 $f=f_{s2}$、$f=f_{s3}$ 等处也形成菱形频标。菱形频标与幅频特性曲线叠加便出现图 3-23（b）所示的图形。

3.3.3　BT3G 型扫频仪

BT3G 型扫频仪是由 1～300 MHz 宽带 RF 信号源和 7 英寸大屏幕显示器组成的一体化宽带扫频仪，可广泛应用于各种无线电网络、接收和发射设备的扫频动态测试，如各种有源无源四端网络、滤波器、鉴频器及放大器等的传输特性的测量。特别适用于各类发射和差转台、有线电视广播及电缆的系统测试。其输出动态范围大、谐波值小，输出衰减器采用电控衰减，适用于各种工作场合。

1. BT3G 型扫频仪的面板

 扫一扫看初识 BT3G 频率特性 测试仪微视频

BT3G 型扫频仪的面板如图 3-24 所示。

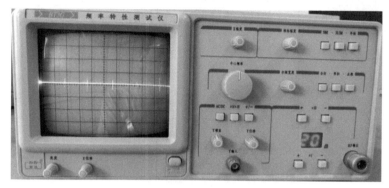

图 3-24　BT3G 型扫频仪的面板

BT3G 型扫频仪面板控件功能如表 3-21 所示。

表 3-21　BT3G 型扫频仪面板控件功能

名　称		照　片	功　能
电源和显示部分	（1）屏幕		显示的频率为左低右高
	（2）电源开关		按下使电源接通，弹起使电源断开
	（3）亮度		调节显示器亮度旋钮
X 系统	（4）X 位移		调节水平线左右位移旋钮

续表

名 称		照 片	功 能
X 系统	（5）X 幅度	X 幅度	调节水平线增益旋钮
	（6）LED 显示	dB	显示衰减 dB 数，00～79 变化
	（7）细衰减按钮	+ ×1 −	0～9 dB 步进，"+"增加衰减量，"−"减少衰减量
	（8）粗衰减按钮	+ ×10 −	0～70 dB 步进，"+"增加衰减量，"−"减少衰减量
Y 系统	（9）被测信号输入端	Y 输入	Y 输入端口
	（10）Y 位移	Y 位移	调节垂直显示位置旋钮
	（11）Y 增益	Y 增益	调节 Y 增益旋钮
	（12）Y 方式选择	AC/DC ×1/×10 +/−	分 AC/DC、×1/×10、+/−极性选择
功能选择及调节	（13）扫频功能	全扫 · 窄扫 · 点频	分全扫、窄扫、点频三挡
	（14）频标功能	50M · 10.1M · 外标	分 50 MHz、10.1 MHz 和外标三种方式
	（15）扫频宽度	扫频宽度	在窄扫状态下调节频率范围
	（16）频标幅度	频标幅度	调节频标高度
	（17）中心频率	中心频率	窄扫及点频时指示显示的中心频率

项目 3 电子元器件参数的测试

续表

名　称		照　片	功　能
输出	（18）扫频输出端口	RF输出	输出 RF 扫频信号

2. BT3G 型扫频仪的操作规程

BT3G 型扫频仪的操作规程如表 3-22 所示。

表 3-22　BT3G 型扫频仪的操作规程

步　骤	内　容	备　注
1. 接通电源	仪器接通电源，预热 10 min 后，调好亮度旋钮，便可对仪器进行检查	亮度要适中，不宜过亮，且光点不应长时间停留在同一点上，以免损坏荧光屏
2. 频标的检查	将频标选择开关置于 10.1 MHz 挡。扫描基线上应呈现若干个菱形频标信号，调节频标幅度旋钮，可以均匀地改变频标的大小	
3. 频偏的检查	将"扫频宽度"旋钮由最小旋到最大时，荧光屏上呈现的频标数，应满足±0.5～±7.5 MHz 连续可调	
4. 进行零分贝校正	将"输出衰减"的粗细衰减均置 0 dB，"Y 衰减"置"1"，将扫频输出和 Y 输入连接，调整"Y 增益"旋钮，使扫描基线与扫频信号线之间的距离为一定的格数，固定"Y 增益"旋钮的位置	在测量电路的增益时，"Y 增益"旋钮不能再改变
5. 连接被测电路	将扫频仪"RF 输出"信号接至被测电路的输入端，被测电路的输出端接至扫频仪的"Y 输入"端	将探极的接地夹接到被测电路的地线上，将探头（带钩端）接到被测电路的测试点
6. 进行测量	选择适当的频标，调节"中心频率"、"扫频宽度"、"输出衰减"等旋钮，直到屏幕显示的幅度曲线高度与零分贝校正时高度相等，此时 LED 显示的 dB 数即为被测电路的增益	
7. 记录测量结果	读取并记录屏幕上观察到的波形及相关参数	
8. 使用结束	关闭电源，整理附件，放置整齐	
注意事项	（1）扫频仪与被测电路连接时，必须考虑阻抗匹配问题。 （2）若被测电路内部带有检波器，不应再用检波探头电缆，而直接用开路电缆与仪器相连。 （3）当被测网络输出端带有直流电位时，Y 方式选择应选用 AC 耦合方式；当被测网络输入端带有直流电位时，应在扫频输出电缆上串接容量较小的隔直电容	

3. BT3G 型扫频仪的主要技术指标

BT3G 型扫频仪的主要技术指标如表 3-23 所示。

111

表 3-23　BT3G 型扫频仪的主要技术指标

项　　目	技 术 指 标
1. 有效频率范围	1～300 MHz
2. 扫频方式	全扫、窄扫、点频三种工作方式
3. 中心频率	窄扫中心频率在 1～300 MHz 范围内连续可调
4. 扫频宽度	全扫：优于 300 MHz； 窄扫：±1～20 MHz 连续可调； 点频：1～300 MHz 连续可调
5. 输出阻抗	75 Ω
6. 稳幅输出平坦度	1～300 MHz 范围内优于±0.35 dB
7. 扫频线性	相邻 10 MHz 线性比优于 1：1.3
8. 输出衰减	粗衰减 10 dB×7 步进，误差优于±2%A±0.5 dB，A 为示值； 细衰减 1 dB×9 步进，误差优于±0.5 dB
9. 标记种类	菱形标记：给出 50 MHz、10 MHz、1 MHz 间隔三种菱形标记； 外频率标记：仪器外频标记输入端输入约 6 dBm 的 10～300 MHz 正弦波信号

4. BT3G 型扫频仪的内部结构与工作原理

1）BT3G 型扫频仪的内部框图

BT3G 型扫频仪的内部框图如图 3-25 所示。

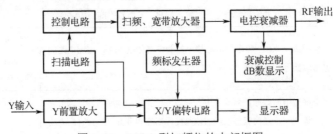

图 3-25　BT3G 型扫频仪的内部框图

2）BT3G 型扫频仪的工作原理

扫描发生器产生周期为 20 ms 的锯齿波及方波，一路送 X 偏转电路供水平显示扫描用；另一路送扫描控制电路，进行信号变换。在扫频振荡器里，一个固频振荡源和一个扫频振荡源输出的正弦波信号经混频后产生 1～300 MHz 的差频信号，并加以放大后反馈给宽带放大器放大。放大后的信号一路经衰减器输出至面板输出端口；一路送给频标发生器。在频标发生器中由晶体振荡器及分频产生的信号与馈入的扫频信号混频后产生差拍的菱形标记，经叠加后变换输出。Y 前置放大器由 Y 衰减选择开关选择"×1、×10"使用，接收从被测件检出的信号，送 Y 偏转电路放大后送显示器显示结果。衰减控制电路对电控衰减器输出的 RF 信号幅度进行控制，其范围是 0～79 dB。

技能实训 6　扫频仪的使用

1. 实训目的

（1）掌握 BT3G 型频率特性测试仪面板装置的操作方法。

（2）会用 BT3G 型频率特性测试仪测试单调谐放大电路的频率特性。

2. 实训器材

（1）BT3G 型频率特性测试仪　　　　1 台。

（2）单调谐放大器电路板　　　　　1 块。

（3）直流稳压电源　　　　　　　　1 台。

 扫一扫看 BT3G 型频率特性测试仪使用示例微视频

 扫一扫看扫频仪操作使用微视频

3. 实训内容及步骤

1）使用前的检查

按下电源开关，预热 5～10 min，进行下列调整。

（1）调节"亮度"旋钮，使扫描线亮度适中。

（2）检查仪器内部频标。将"频标方式"开关置于"10.1 MHz"处，此时扫描基线上呈现相应的频标信号。调节"频标幅度"旋钮，使频标幅度适中。

（3）"零频"频标的识别。将"频标方式"开关置于"10.1 MHz"处，"频标幅度"旋钮旋至适中，"全扫　窄扫　点频"开关置于"窄扫"位置。调节"中心频率"旋钮，使中心频率在起始位置附近，将"频标方式"的"外接"按键按下，其他频标信号随即消失，此频标仍然存在，则此频标为"零频"频标。

（4）扫频寄生调幅系数的检查。将连接扫频仪"RF 输出"端的电缆与"Y 输入"端的检波探头对接，调节"粗衰减"及"细衰减"按键使 LED 显示"00"dB，"Y 方式选择"置于"×1"位置；调节"Y 增益"旋钮，使屏幕上显示出高度适当的矩形方框，如图 3-26 所示。图中，设方框的最大高度为 A 格，最小高度为 B 格，则寄生调幅系数 m 为

$$m = \frac{A-B}{A+B} \times 100\% \tag{3-25}$$

将测量结果填于表 3-24 中。一般而言，合格扫频仪的寄生调幅系数应不大于 7%。

表 3-24　寄生调幅系数的测试

扫 频 频 偏	寄生调幅系数

（5）检查扫描信号的非线性系数。将扫频仪"中心频率"旋钮调在任意频率上，调节频偏为±15 MHz，如图 3-27 所示。

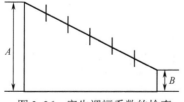

图 3-26　寄生调幅系数的检查

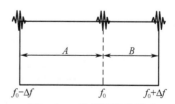

图 3-27　扫频线性的检查

若频偏最大距离值为 A 格，最小距离值为 B 格，则扫频信号的非线性系数为

$$\gamma = \frac{A-B}{A+B} \times 100\% \qquad (3-26)$$

将测量结果填入表 3-25 中。一般而言，合格扫频仪的非线性系数应不大于 10%。

表 3-25　扫频信号非线性系数的测试

频　　偏	最大距离值 A	最小距离值 B	非线性系数 γ
±15 MHz			

2）测试单调谐放大电路的幅频特性曲线

（1）单调谐放大器电路如图 3-28 所示。

（2）将扫频仪与单调谐放大电路正确连接，如图 3-29 所示。

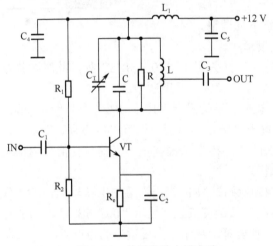

图 3-28　单调谐放大器电路

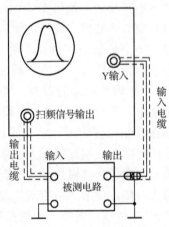

图 3-29　测试电路连接

即扫频仪的扫频输出信号作为被测电路的输入信号，将被测电路的输出作为扫频仪的 Y 输入信号。

3）增益测量

先将扫频仪检波探头与扫频信号输出端短接，将"Y 方式选择"置于"×10"（相当于衰减 20dB）位置，调节"Y 增益"旋钮，使图形高度为 H 格（如 5 格），记下此时扫频信号输出衰减 LED 显示的读数，设为 A dB。然后，接入单调谐放大电路，在不改变"Y 方式选择"及"Y 增益"旋钮位置的前提下，调节粗、细衰减按键，使图形高度仍保持为 H 格。若此时输出衰减 LED 显示的读数为 B dB，则放大器增益 $K=B-A$（dB）。将测量结果填入表 3-26 中。

表 3-26　增益的测量

图形高度	A	B	增　　益

4）带宽测量

观察扫频仪屏幕显示的单调谐放大器的幅频特性曲线，利用频标读出其谐振频率和频带宽度。测量带宽时，先调节扫频仪粗、细衰减按键和调整"Y 增益"旋钮，使幅频特性曲线的顶部与屏幕上某一水平刻度线相切，如图 3-30（a）中与 *AB* 线相切；然后调节细衰减按键使扫频仪输出衰减减小 3 dB，则荧光屏上显示曲线高度升高，与刻度线 *AB* 有两个交点，如图 3-30（b）所示。

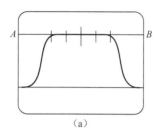
（a）

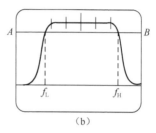
（b）

图 3-30 测量带宽示意图

读出图中两个交点的频率 f_L 和 f_H，则带宽为

$$BW = f_H - f_L \tag{3-27}$$

4. 实训小结

（1）完整记录实训内容与实训结果。

（2）记录实训过程中遇到的问题并进行分析，写出心得体会，结合扫频仪工作原理分析实训过程中出现各种现象的原因。

计划决策　用频率特性测试仪测试声表面波滤波器的幅频特性

用频率特性测试仪测试声表面波滤波器的幅频特性——计划工作单		
准备	1. 资料准备：查阅相关资料，掌握扫频仪相关知识； 2. 查阅扫频仪的使用说明书； 3. 列出疑难问题，小组讨论、咨询老师	
测量仪器连接图		
测量内容与步骤	序　号	测 试 步 骤
	1	
	2	
	3	
测量内容与步骤	4	
签名	日期	

任务实施　用频率特性测试仪测试声表面波滤波器的幅频特性

用频率特性测试仪测试声表面波滤波器的幅频特性——实施工作单				
实训前准备	1. 整理工作台； 2. 布置、摆放仪器和实验设备			
仪器检查	仪器设备名称		完好情况	
	1. 扫频仪			
测量数据记录				
收获体会				
签名	测试员	日期	检验员	日期

检查评价　用频率特性测试仪测试声表面波滤波器的幅频特性

用频率特性测试仪测试声表面波滤波器的幅频特性——评价工作单				
评价项目	评价内容		得　分	总　分
过程评价（50%）	社会能力 （10%）	职业道德		
		协作沟通		
	方法能力 （10%）	学习能力		
		计划能力		
	专业能力 （30%）	仪器检查能力		
		测试系统组建		
		仪器操作能力		
终结评价（50%）	测量结果 （30%）	数据正确性		
		数据分析		
		处理能力		
	测试报告 （20%）	格式规范性		
		书写认真性		
学生签名	日期		教师签名	日期

项目总结

电子元器件是组成电子产品的基本元件。它的性能好坏直接影响电子产品的性能。为此，作为电子类专业的高职毕业生应该掌握电子元器件的检测技能。

1．数字电桥可以用来测量电阻器、电容器、电感器的主要参数。数字电桥是电子元件生产企业检验产品是否合格的重要仪器，也是电子产品制造企业来料检验的仪器。

2．半导体管特性图示仪主要用于二极管、三极管、场效应管技术参数的测量。

3．扫频仪用于电路频率特性的测量。

4．通过本项目的训练，学生可以提升自己的电子测量职业岗位能力。

思考与练习 3

1．数字电桥可以测量电容器、电感器的哪些参数？

2．数字电桥测量时如何选择"串联"或"并联"方式？

3．简述半导体管特性图示仪测量 NPN 型三极管放大倍数的操作步骤。

4．半导体管特性图示仪使用时应注意哪些问题？

5．简述扫频仪测量陶瓷滤波器幅频特性的操作步骤。

6．扫频仪使用时应注意哪些问题？

 扫一扫看 BT3C-B 型扫频仪操作使用微视频

 扫一扫看数字电桥习题及答案

 扫一扫看 BT3C-B 型扫频仪操作使用教学课件

 扫一扫看半导体管图示仪习题及答案

 扫一扫看 BT3C-B 型扫频仪技能实训微视频

 扫一扫看扫频仪习题及答案

项目 4

功率放大器技术指标的测试

教	重点	1. 用数字万用表对功率放大器进行静态测量
		2. 用数字毫伏表和失真度仪对功率放大器进行动态测量
		3. 完成仪器选择、测量计划制订、测试方案实施
	难点	1. 输出功率的测量
		2. 失真度的测量
	教学方式	行动导向教学法
	建议学时	14 课时
学	学习方法	做中学
	应该掌握的理论知识	功率放大器的技术指标
	必须掌握的技能	数字万用表、信号源、示波器、数字毫伏表和失真度仪的使用

任务 4.1 功率放大器的静态测试

扫一扫看功放的静态测量微视频

任务工作单

功率放大器的静态测试——任务工作单			
测试目的	1. 测量集成功率放大器各脚电压； 2. 用数字万用表测功率放大器静态总电流		
测试仪表	名　称	型　号	数　量
	数字万用表	UT58A 型	1 台
	稳压电源		1 台
	功率放大器电路板		1 块
测试要求	1. 仔细阅读《电子测量仪器》教材相关内容； 2. 弄懂功率放大器电路的工作原理； 3. 根据所给功率放大器电路，找出测试点，拟定测量方案，完成测量任务		
注意事项	1. 不能用数字万用表电流挡误测电压； 2. 不能用电阻挡误测电压； 3. 仪器安全操作；测量方法的正确性		

4.1.1 功率放大器的分类和性能指标

功率放大器（power amplifier）简称功放，俗称"扩音机"，它的功能是把音频信号放大至足够功率以推动喇叭发出声音。当负载一定时，希望其输出的功率尽可能大，输出效率尽可能高，输出信号的非线性失真尽可能小。

1. 功放的分类

按照使用元器件的不同，功放有胆机（电子管功放）、石机（晶体管功放）和 IC 功放（集成电路功放）之分。

功放大体上可分为三大类：专业功放、民用功放和特殊功放。专业功放一般用于会议、演出、厅、堂、场、馆的扩音，设计上以输出功率大、保护电路完善、散热良好为主。民用功放又可以分为 HI-FI 功放、AV 功放、KALAOK 功放等。HI-FI 功放就是音乐发烧友的功放，它的输出功率一般在 2×150 W 以下，设计上以"音色优美，高度保真"为宗旨。AV 功放是近年脱颖而出的一匹黑马，随着大屏幕电视、多种图像载体的普及，人们对"坐在家里看电影"的需求日益高涨，于是集各种影音功能于一体的多功能功放应运而生。AV 是英文 Audio/Video（即音频、视频）的缩写。AV 功放从诞生到现在经历了杜比环绕、杜比定向逻辑、AC-3、DTS 的进程，AV 功放与普通功放的区别在于 AV 功放有 AV 选择。

KALAOK 功放也是近年发展起来的一种功放。它与一般功放的区别在于 KALAOK 功放有混响器，从过去的 BBD 模拟混响发展到现在的 DIGITAL 数字混响、变调器、话筒放大器。

顾名思义，特殊功放就是使用在特殊场合的功放，如警报器、车用低压功放等。

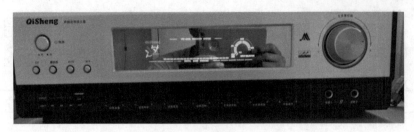

图 4-1　功放机

2. 功放的主要性能指标

功放的主要性能指标有输出功率、频率响应、信噪比、输出阻抗、谐波失真度等。

（1）输出功率：有额定输出功率、最大输出功率、音乐输出功率、峰值音乐输出功率等。额定输出功率称为 RMS，指放大器输出的音频信号在总谐波失真范围内所能输出的最大功率。额定功率是指连续的正弦波功率，在 1 kHz 正弦波输入及一定的负载下，谐波失真小于 1%所输出的功率。一般来说，额定功率越大，造价越高。

（2）频率响应：表示放大器在对不同频率的信号进行放大处理时，对每一种不同频率的信号的放大量的一致性和灵敏程度，也叫频率范围。它的范围越宽，说明更能"照顾"更多频率成分的信号，性能就越优良，它很有实用价值。一般情况下，人能听到的音频信号是 20 Hz～20 kHz 之间的不同频率、不同波形、不同幅度的变化信号。因此放大器要很好地完成音频信号的放大，功放的频率响应至少应达到 20 Hz～20 kHz。但是真正的乐音中含有的泛音（谐波）是有可能超越这个范围的，加上为了改善瞬态反应的表现，对放大器要求有更高的频率范围，目前优秀的功放一般都能做到 10 Hz～100 kHz 的范围。而高级进口功放的低频可从 0 Hz 开始（直流化）。

（3）信噪比：功放输出的信号电平与噪声电平之比，用 dB 表示，这个数值越大越好。一般家用 HI-FI 功放的信噪比在 60 dB 以上。

（4）输出阻抗（或称额定负载阻抗）：通常有 8 Ω、4 Ω、2 Ω等值，此值越小，说明功率放大器负载能力越强。就单路而言，额定负载为 2 Ω的功率放大器可以带动 4 只阻抗为 8 Ω的音箱发声，并且失真很小。

（5）谐波失真度：这是功放一项极重要的指标。谐波失真是非线性失真的一种，它是放大器在工作时的非线性特征所引起的，失真结果是产生了新的谐波分量，使声音失去原有的音色，严重时声音发破、刺耳。谐波失真还有奇次谐波失真和偶次谐波失真之分，奇次谐波失真会使人烦躁、反感，容易被人感知。有些功放听起来让人感到烦躁，感觉疲劳，就是失真较大所引起的。对功放影响最大的就是失真度，一般高保真要求谐波失真度在 0.05%以下，越低越好。

扫一扫看功放静态测量操作示范微视频

4.1.2　功率放大器的静态测试原理

静态测试是指测试时被测电路不加输入信号。功放静态测试包括：

（1）在不加电情况下，用万用表测量功放集成块各脚对地电阻。

（2）不加输入信号时，接通直流电源，测量功放集成块各脚对地电压及功放静态总电流。

☞注意：接通电源前须先将输入端短路接地，以免感应信号使静态电流过大。

1. LM386 集成功放的功能与参数

LM386 外形与引脚排列如图 4-2 所示。

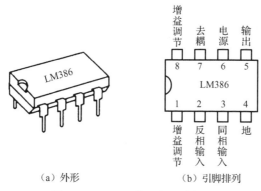

（a）外形　　　　（b）引脚排列

图 4-2　LM386 外形与引脚排列

LM386 功放具有功耗低、工作电压范围宽、外围元件少和调节方便等优点，广泛应用于通信设备和各类电子设备中。其主要参数为：工作电压范围 4～12 V，静态电流 4 mA，输出功率 660 mW（最大），带宽 300 kHz，输入阻抗 50 kΩ。

2. 功放电路的工作原理

扫一扫看
随堂测验

LM386 构成的 OTL 功放电路如图 4-3 所示。

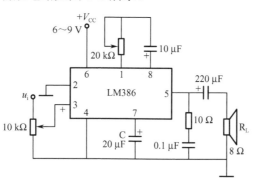

图 4-3　LM386 构成的 OTL 功放电路

图 4-3 中，音频信号从 LM386 的 3 脚输入，从其 5 脚经耦合电容（220 μF）输出，推动喇叭发出声音。LM386 的 7 脚所接 20 μF 电容为去耦滤波电容，1 脚与 8 脚所接电容和电阻用于调节电路的闭环增益，电容取值为 10 μF，电阻为 20 kΩ电位器。调节电位器，可使功放的放大倍数在 20～200 之间变化，电阻值越小，电压增益越大。输出端 5 脚所接 10 Ω电阻和 0.1 μF 电容组成阻抗校正网络，以抵消负载中的感抗分量，防止电路自激，有时也可省去不用。

3. 静态测试所需仪器仪表

功放静态测试用数字万用表即可。

计划决策　功率放大器的静态测试

功率放大器的静态测试——计划工作单		
准备	1．资料准备：查阅相关资料，掌握功放相关知识； 2．查阅数字万用表的使用说明书； 3．列出疑难问题，小组讨论、咨询老师	
测量仪器连接图		
测量内容与步骤	序　号	测 试 步 骤
	1	
	2	
	3	
	4	
签名	日期	

任务实施　功率放大器的静态测试

功率放大器的静态测试——实施工作单		
实训前准备	1. 整理工作台； 2. 布置、摆放仪器和实验设备	
仪器检查	仪器设备名称	完好情况
	数字万用表	
被测设备检查	外观检查	
	通电检查	
	1. LM386 各脚对地电压	引脚号 1 2 3 4 5 6 7 8 电压
被测设备检查	2. 静态总电流	
收获体会		
签名	测试员	日期 检验员 日期

检查评价　功率放大器的静态测试

功率放大器的静态测试——评价工作单				
评价项目	评价内容		得　　分	总　　分
过程评价（50%）	社会能力 （10%）	职业道德 协作沟通		
	方法能力 （10%）	学习能力 计划能力		
	专业能力 （30%）	仪器检查能力 测试系统组建 仪器操作能力		
终结评价（50%）	测量结果 （30%）	数据正确性 数据分析 处理能力		
	测试报告 （20%）	格式规范性 书写认真性		
学生签名	日期		教师签名	日期

任务 4.2　功率放大器输出功率的测试

扫一扫看功放动态测量操作示范教学课件

任务工作单

功率放大器输出功率的测试——任务工作单		
测试内容与要求	1．功放的最大输出功率； 2．功放的效率； 3．根据所给功放电路，找出测试点，拟定测量方案，完成测量任务	
测试仪表	名　称	型　号
	信号源	DG1022
	数字示波器	UT2062
	数字毫伏表	SG2172B
注意事项	1．仪器安全操作； 2．测量方法的正确性	

4.2.1　功率放大器的指标与测量仪器

扫一扫看功放的动态测量微视频

1．功率放大器的动态指标

1）最大输出功率

用信号源在功放输入端接入 1 kHz 正弦信号（注意幅度不要太大），在输出端用示波器观察输出电压波形，逐渐加大输入信号幅度，使输出电压为最大不失真输出，用交流毫伏表测量此时的输出电压 U_{om}，则最大输出功率为

$$P_{om} = \frac{U_{om}^2}{R_L} \tag{4-1}$$

☞**注意**：在最大输出电压测试完成后，应迅速减小 U_i，否则会损坏功率放大器。

2）效率

效率定义为

$$\eta = \frac{P_{om}}{P_E} \times 100\% \tag{4-2}$$

式中，P_{om} 为最大输出功率；P_E 为直流电源供给的平均功率。可测量电源供给的平均电流 I_{DC}，从而求得 $P_E = U_{CC} \cdot I_{DC}$。

3）噪声电压

测量时将功放输入端短路（$u_i=0$），用示波器观察输出噪声波形，并用数字交流毫伏表测量输出电压，即为噪声电压 U_N。

2．功放输出功率测试所需仪器

功放的输出功率测试需要用信号源、示波器和数字交流毫伏表等。

测试仪器连接如图 4-4 所示。

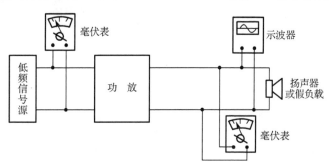

图 4-4　功放动态测试仪器连接图

扫一扫看数字毫伏表结构及测量原理微视频

4.2.2　数字交流毫伏表的工作原理与选择

交流毫伏表是一种用来测量正弦电压有效值的电压表，它具有测量信号的频率范围宽、输入阻抗高、灵敏度高、电压测量范围大等特点。它是电子产品研发、生产、维修岗位常用的测量仪器。

在电子学领域中，电压量是基本参数之一。许多参数，如频率特性、谐波失真度、调制度等，都可视为电压的派生量；各种电路的工作状态，如饱和、截止、谐振等都可用电压的形式反映出来；电子设备的各种信号主要以电压量来表现；很多电子测量仪器都用电压量来指示，所以电压量的测量是电参数测量的基础。

电压表按其工作原理和读数方式分为模拟电压表和数字电压表两大类。

数字电压表（Digital　Voltmeter，DVM）是把模拟电压量转换成数字量并以数字形式直接显示测量结果的一种仪表。与模拟电压表相比，数字电压表具有精确度高、测量速度快、输入阻抗大、数字显示读数准确、抗干扰能力和抗过载能力强、便于实现测量过程自动化等特点。在一些数字电压表中，还具有自动校零和自动转换量程等功能。

1. 数字电压表的主要技术指标

1）测量范围

（1）量程：表示电压表所能测量的最小电压到最大电压的范围。数字电压表借助衰减器和输入放大器来扩大量程。其中不经衰减器和输入放大器的量程称为基本量程，它是测量误差最小的量程。

（2）显示位数：显示位数是指数字电压表能够完整显示 0～9 这十个数码的位数，称为完整显示位。把只能显示 0 和 1 两个数码的显示位称为 $\frac{1}{2}$ 显示位，只能显示 0～5 的显示位称为 $\frac{3}{4}$ 显示位，这两种都是非完整显示位，位于最高位。于是，最大显示数字为 19 999 的数字电压表又称作 $4\frac{1}{2}$ 位数字电压表，最大显示数字为 59 999 的数字电压表又称为 $4\frac{3}{4}$ 位电压表。

（3）超量程能力：超量程能力是数字电压表的一项重要指标，它是指数字电压表能测量的最大电压超过其量程值的能力。一台数字电压表有无超量程能力取决于它的量程分挡情况和能够测量的最大电压情况，其计算公式为

$$\text{超量程能力} = \frac{\text{能测量出的最大电压} - \text{量程值}}{\text{量程值}} \qquad (4\text{-}3)$$

● 显示位数全是完整位的数字电压表没有超量程能力。

● 带有 $\frac{1}{2}$ 显示位的数字电压表若按 2 V、20 V、200 V 等分挡，则没有超量程能力；若按 1 V、10 V、100 V 等分挡，则具有 100%的超量程能力。例如，$4\frac{1}{2}$ 位数字电压表在 10 V 量程上最大可测得 19.999 V 的电压。

● 带有 $\frac{3}{4}$ 位的数字电压表，若按 5 V、50 V、500 V 等分挡，则具有 20%的超量程能力。例如，$4\frac{3}{4}$ 位电压表在 5 V 量程上最大可测量 5.999 9 V 的电压。

2）分辨力

分辨力是指数字电压表能够显示被测电压的最小变化值的能力，即显示器末位跳变一个字所需的最小电压变化值。在不同量程上，数字电压表的分辨力是不同的。在最小量程上数字电压表具有最高的分辨力。例如，DT-890 型 DVM 为 $3\frac{1}{2}$ 位电压表，在最小量程 200 mV 上满度值为 199.9 mV，则其分辨力为 0.1 mV。

3）测量误差

数字电压表的测量误差包括固有误差和工作误差，这里只讨论固有误差。固有误差主要是读数误差和满度误差，常以如下形式给出：

$$\Delta U = \pm(\alpha\% \cdot U_x + \beta\% \cdot U_m) \qquad (4\text{-}4)$$

式中，U_x 为被测电压示值；U_m 为该量程的满度值；α 为误差的相对项系数；$\alpha\% \cdot U_x$ 为读数误差，随被测电压而变化；β 为误差的固定项系数；$\beta\% \cdot U_m$ 为满度误差，对于给定量程，该值是不变的。满度误差有时也用与之相当的末位数字的跳变个数来表示，记为 $\pm n$ 个字，即在该量程上末位跳 n 个字时的电压值恰好等于 $\beta\% \cdot U_m$。

4）输入电阻

数字电压表输入级多采用场效应管电路，所以有比较大的输入电阻，一般不小于 10 MΩ，高准确度的可优于 1 000 MΩ。

5）测量速率

测量速率表示数字电压表在单位时间内以规定的准确度完成的最大测量次数，它主要取决于 A/D 转换器的转换速率。

2. 数字电压表的工作原理

直流数字电压表的组成框图如图 4-5 所示。

图 4-5 中，模拟部分包括输入电路（如阻抗变换、放大电路、量程控制）和 A/D 转换器。电压表的主要技术指标如准确度、分辨力等主要取决于这一部分电路。数字部分完成逻辑控制、译码（如将二进制数字转换成十进制数字）和显示等功能。A/D 转换器是数字电压表的核心。直流数字电压表根据 A/D 转换器的转换原理不同，可分为以下几种类型。

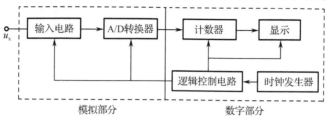

图4-5 直流数字电压表的组成框图

（1）比较型数字电压表：比较型数字电压表把被测电压与基准电压进行比较，以获得被测电压的量值，是一种直接转换方式。这种电压表的特点是测量精确度高、速度快，但抗干扰能力差。

（2）积分型数字电压表：积分型数字电压表利用积分原理首先把被测电压转换为与之成正比的中间量（时间或频率），再利用计数器测量该中间量。这类 A/D 转换器的特点是抗干扰能力强、成本低，但转换速度慢。

3. 电压表的选择原则

不同的测量对象应当选用不同性能的电压表。在选择电压表时主要考虑其频率范围、量程和输入阻抗等指标。

（1）根据被测电压的种类（如直流、交流、脉冲、噪声等）选择电压表的类型。

（2）根据被测电压的大小选择量程适宜的电压表。量程的下限应有一定的灵敏度，量程的上限应尽量不使用分压器，以减小附加误差。

（3）保证被测量电压的频率不超出电压表的频率范围。即使在频率范围之内，也应当注意到电压表各频段的频率附加误差，在可能的情况下，应尽量使用附加误差小的频段。

（4）在其他条件相同的情况下，应尽量选择输入阻抗大的电压表。在测量高频电压时，应尽量选择输入电容小的电压表。

（5）在测量非正弦波电压时，应根据被测电压波形的特征，适当选择电压表的类型（峰值型、均值型或有效值型），以便正确理解读数的含义并对其进行修正。

（6）注意电压表的误差范围，包括固有误差和各种附加误差，以保证测量精确度的要求。

4. 交流电压的基本参数

交流电压的大小可用其峰值、平均值和有效值来表征。

1）峰值

峰值是交流电压 $u(t)$ 以零电平为参考的最大电压幅值，记为 U_P，如图4-6所示。

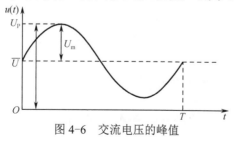

图4-6 交流电压的峰值

127

$u(t)$以直流分量（平均值）为参考的最大电压幅值称为振幅，记为 U_m。图 4-6 中，$\bar{U}$ 为电压平均值。对于正弦交流信号而言，当不含直流分量时，其振幅与峰值相等。

2）平均值

交流电压 $u(t)$的平均值 $\bar{U}$ 的数学定义为

$$\bar{U}=\frac{1}{T}\int_0^T u(t)\mathrm{d}t \tag{4-5}$$

$\bar{U}$ 对周期性信号而言，积分时间通常取该信号的一个周期，当 $u(t)$为纯交流电压时，$\bar{U}=0$；当 $u(t)$包含直流分量 U_0 时，$\bar{U}=U_0$，如图 4-6 中虚线所示。这样，平均值将无法表征交流（分量）电压的大小。在电子测量中，通常所说的交流电压的平均值是指整流后的平均值，一般均指全波整流平均值，用 $\bar{U}$ 表示，其数学表达式为

$$\bar{U}=\frac{1}{T}\int_0^T |u(t)|\,\mathrm{d}t \tag{4-6}$$

对于理想的正弦波交流电压，$u(t)=U_\mathrm{P}\sin\omega t$，其中 $\omega=\dfrac{2\pi}{T}$，则其全波整流平均值为

$$\bar{U}=\frac{2}{\pi}U_\mathrm{P}=0.637U_\mathrm{P} \tag{4-7}$$

3）有效值

有效值的物理意义是：交流电压 $u(t)$在一个周期内施加于一纯电阻负载上所产生的热量与一直流电压在同样情况下产生的热量相等时，这个直流电压值就是交流电压有效值。

有效值又称方均根值，其数学表达式为

$$U=\sqrt{\frac{1}{T}\int_0^T u^2(t)\mathrm{d}t} \tag{4-8}$$

对于理想的正弦波交流电压，$u(t)=U_\mathrm{P}\sin\omega t$，其中 $\omega=\dfrac{2\pi}{T}$，可推导出其有效值为

$$U=\frac{1}{\sqrt{2}}U_\mathrm{P}=0.707U_\mathrm{P} \tag{4-9}$$

4.2.3　SG2172B 型数字交流毫伏表

 扫一扫看 SG2172B 型数字交流毫伏表操作使用微视频

SG2172B 型双通道数字交流毫伏表适用于测量频率 5 Hz～5 MHz、电压 30 μV～300 V 的正弦波有效值电压。该仪器采用四位数字显示，精度高、频响好、输入阻抗高，有 V、dB、dBm 三种显示方式，显示清晰直观，可自动转换量程，使用方便。

1. SG2172B 型数字交流毫伏表的面板

SG2172B 型数字交流毫伏表的面板如图 4-7 所示。

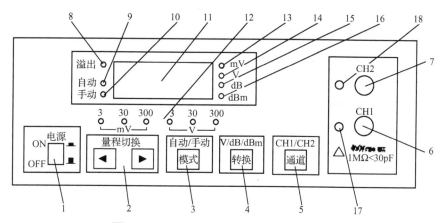

图 4-7 SG2172B 型数字交流毫伏表的面板

SG2172B 型数字交流毫伏表面板控件功能如表 4-1 所示。

表 4-1 SG2172B 型数字交流毫伏表面板控件功能

序号	名 称	照 片	功 能
1	电源开关		接通、关闭电源
2	量程切换		当测量方式为手动转换量程时,用于改变量程。按一下 "◀" 开关,向小量程方向跳一挡,按一下 "▶" 开关,向大量程方向跳一挡
3	自动/手动		用于选择测量方式。开机时处于 "自动"(自动转换量程)状态。按一下开关,转换到手动(手动转换量程)状态,再按一下该开关,又回到自动状态
4	V/dB/dBm		开机时处于 V(电压显示)方式。每按一下该开关,机器便在 V、dB、dBm 三种显示方式之间切换
5	通道		用于选择输入通道
6	CH1		被测信号输入通道 1
7	CH2		被测信号输入通道 2
8	溢出		过量程或欠量程指示灯。当测量方式处于 "手动",显示数字(忽略小数点)大于 3 100 或小于 290 时,该指示灯亮,表示当前量程不合适
9	自动		该灯亮时表示当前处于自动转换量程状态
10	手动		该灯亮时表示当前处于手动转换量程状态

序号	名　称	照　片	功　能
11	显示窗口	**8888**	4 位 0.5 英寸绿色数码管显示，当被测电压超出测量范围时，显示数字会闪烁，表示该数据无效
12	量程指示灯		当机器处于手动转换量程状态时，量程指示灯的其中一个点亮表示当前的量程
13	mV	**mV**	电压显示单位
14	V	**V**	电压显示单位
15	dB	**dB**	dB 显示单位
16	dBm	**dBm**	dBm 显示单位
17	指示灯		该指示灯亮时表示当前为 CH1 输入有效
18	指示灯		该指示灯亮时表示当前为 CH2 输入有效

2. SG2172B 型数字交流毫伏表的操作使用

SG2172B 型数字交流毫伏表的操作规程如表 4-2 所示。

表 4-2　SG2172B 型数字交流毫伏表的操作规程

步　骤	内　容	备　注
1. 加电	接通电源	
2. 开机	刚开机时，机器处于 CH1 输入、自动量程、电压显示方式。用户可根据需要重新选择输入通道、测量方式、显示方式。如果采用手动测量方式，要在加入被测电压前先选择合适的量程	
3. 测量	当机器处于手动测量方式时，从 INPUT 端接入被测电压后，应马上显示被测电压数据。当机器处于自动测量方式时，加入被测电压后需过几秒钟显示数据才会稳定下来	如果显示数据不闪烁、溢出灯不亮，表示机器工作正常。如果溢出灯亮，表示数据误差较大，用户可根据需要选择是否更换量程。如果显示数据闪烁，表示被测电压已超出当前量程的测量范围，必须更换量程
4. 结束	关机	
注意事项	（1）两个通道的量程有记忆功能，因此如果输入信号没有变化，转换通道时不必重新设置量程。 （2）打开电源开关后，数码管应当亮，数字表大约有几秒钟不规则的数据乱跳，这是正常现象，过几秒钟后应当稳定下来。 （3）输入短路时有大约满量程 3%个字以下的噪声，这不影响测试精确度，不需要调零。 （4）当机器处于手动转换量程状态时，请不要长时间使输入电压大于该量程所能测量的最大电压	

3. SG2172B 型数字交流毫伏表的主要技术指标

SG2172B 型数字交流毫伏表的主要技术指标如表 4-3 所示。

表 4-3　SG2172B 型数字交流毫伏表的技术指标

项　　目	技　术　指　标
1. 交流电压测量范围（有效值）	30 μV～300 V
2. dB 测量范围	−79～+50 dB（0 dB=1 V）
3. dBm 测量范围	−77～+52 dBm（0 dBm=1 mW 600 Ω）
4. 量程	3 mV、30 mV、300 mV、3 V、30 V、300 V
5. 频率范围	5 Hz～5 MHz
6. 基准条件下频率影响的电压测量误差	50 Hz　　　±2%满量程读数±8 个字； 1 kHz　　　基准（以 1 kHz、300 mV 满量程为基准，固有误差±3%读数±10 个数字）； 100 kHz　±2.5%满量程读数±10 个字； 2 MHz　　±3%满量程读数±20 个字； dB 测量误差　　电压测量误差±1 个字； dBm 测量误差　　电压测量误差±1 个字
7. 输入电阻	1 MΩ±10%
8. 输入电容	不大于 30 pF
9. 最高分辨力	1 μV

4. SG2172B 型数字交流毫伏表的内部原理

SG2172B 型数字交流毫伏表的内部原理框图如图 4-8 所示。

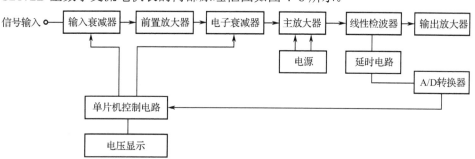

图 4-8　SG2172B 型数字交流毫伏表的内部原理框图

技能实训 7　数字毫伏表的使用

1. 实训目的

（1）认识 SG2172B 型数字毫伏表的面板装置及其功能。

（2）会用 SG2172B 型数字毫伏表测信号源输出信号电压。

2. 实训器材

（1）DG1022 型函数信号源　　1 台。

（2）SG2172B 型数字毫伏表　　1 台。

3. 实训内容及步骤

调节 DG1022 型函数信号源，使其输出不同频率与幅度的正弦信号，用数字毫伏表进行测量，将结果填入表 4-4 中。

表 4-4　用数字毫伏表测试信号源的输出电压

频　率	10 Hz	100 Hz	1 kHz	10 kHz	100 kHz
信号源输出（V_{p-p}）	0.05	0.1	1	5	10
数字毫伏表测量					
相对误差					

4. 实训小结

（1）记录实施过程中遇到的问题并进行分析。

（2）写出你的收获和反思。

计划决策　功率放大器输出功率的测试

功率放大器输出功率的测试——计划工作单		
准备	1. 资料准备：查阅相关资料，掌握功放相关知识； 2. 查阅信号源的使用说明书； 3. 掌握示波器的使用； 4. 掌握数字毫伏表的使用； 5. 列出疑难问题，小组讨论、咨询老师	
测量仪器连接图		
测量内容与步骤	序　号	测试步骤
	1	
	2	
	3	
	4	
签名	日期	

任务实施　功率放大器输出功率的测试

功率放大器输出功率的测试——实施工作单					
实训前准备	1. 整理工作台； 2. 布置、摆放仪器和实验设备				
仪器检查	仪器设备名称		完好情况		
	1. 信号源				
	2. 示波器				
	3. 数字毫伏表				
被测设备检查	外观检查				
	通电检查				
测量数据记录	1. 输出电压				
	2. 电源总电流				
	3. 噪声电压				
测量结果	输出电压 U_{om}	最大输出功率	静态电流	电源功率	效率
收获体会					
签名	测试员	日期	检验员		日期

检查评价　功率放大器输出功率的测试

评价项目	评价内容		得　分	总　分
过程评价（50%）	社会能力 （10%）	职业道德		
		协作沟通		
	方法能力 （10%）	学习能力		
		计划能力		
	专业能力 （30%）	仪器检查能力		
		测试系统组建		
		仪器操作能力		
终结评价（50%）	测量结果 （30%）	数据正确性		
		数据分析		
		处理能力		
	测试报告 （20%）	格式规范性		
		书写认真性		
学生签名	日期		教师签名	日期

扫一扫看
随堂测验

任务 4.3 功率放大器失真度的测试

扫一扫看数字失真度仪结构及测量原理微视频

任务工作单

功率放大器失真度的测试——任务工作单	
测试内容与要求	1. 从功放输入端分别送 20 Hz、100 Hz、1 000 Hz、5 000 Hz、10 000 Hz、15 000Hz 等不同频率的正弦信号，将功放调到额定输出功率值，用失真度仪测量各个频点的失真度； 2. 根据所给功放电路，找出测试点，拟定测量方案，完成测量任务
测试仪表	名　称　　　　　　　　　型　号 <table><tr><td>信号源</td><td>DG1022</td></tr><tr><td>失真度仪</td><td>ZC4116</td></tr></table>
注意事项	1. 仪器安全操作； 2. 测量方法的正确性

4.3.1 功率放大器失真度测试电路

扫一扫看功放失真度测试教学课件

功放的失真主要有谐波失真、互调失真、瞬态失真和相位失真等。

谐波失真是由功放中的非线性组件引起的，这种非线性会使声音信号产生许多新的谐波成分。谐波失真度越小越好。谐波失真与频率有关，通常在 1 000 Hz 附近谐波失真度较小；在频率的高、低端谐波失真度则较大。谐波失真还与功放的输出功率大小有关，当接近于额定最大输出功率时，谐波失真会急剧增大。

目前，优质功放在整个音频范围内的总谐波失真一般小于 0.1%。

测量失真度时，需要用一个正弦信号作为被测电路的激励源，如图 4-9 所示。

图 4-9　测试功放失真度的仪器连接图

4.3.2 谐波失真度测试与仪器

扫一扫看失真度测量仪微视频

失真度是信号源重要的技术参数之一。DG1022 型函数信号源的正弦波失真度小于 0.2%。本任务就是用失真度仪对信号源的失真度进行测试。

1. 谐波失真度及其测试

1) 谐波失真度的定义

纯正弦波信号通过电路后，如果电路存在非线性，则输出信号中除了含有原基波分量外，还会有其他谐波成分，即该电路产生了谐波失真（或称非线性失真）。信号的谐波失真度是信号的全部谐波能量与基波能量之比的平方根值。对于纯电阻负载，则定义为全部谐波电压（或电流）有效值与基波电压（或电流）有效值之比，即

$$D_0 = \frac{\sqrt{U_2^2 + U_3^2 + \cdots + U_n^2}}{U_1} \times 100\% \qquad (4\text{-}10)$$

式中，U_1 为基波电压有效值；$U_2, U_3, \cdots, U_n$ 为各次谐波电压有效值；D_0 为谐波失真度，也可

简称为失真系数或失真度。

2）谐波失真度的测试方法

测试谐波失真度常用的方法是"基波抑制法"。基波抑制法就是对被研究的器件输入单音正弦信号，并通过基波抑制网络进行直接测量。由于基波难以单独测量，当失真度较小时，失真度定义式可以近似为

$$D = \frac{\sqrt{U_2^2 + U_3^2 + \cdots + U_n^2}}{\sqrt{U_1^2 + U_2^2 + U_3^2 + \cdots + U_n^2}} \times 100\% \qquad (4\text{-}11)$$

又可表示为

$$D = \frac{\sqrt{U_2^2 + U_3^2 + \cdots + U_n^2}}{U} \times 100\% \qquad (4\text{-}12)$$

式中，U 为信号总的有效值；D 为失真度测量值。容易证明，定义值 D_0 与测量值 D 之间存在如下关系：

$$D_0 = \frac{D}{\sqrt{1 - D^2}} \qquad (4\text{-}13)$$

当失真度小于10%时，可以认为 $D_0 \approx D$，否则应按式（4-13）计算 D_0 的值。

2. 失真度仪的用途与种类

1）失真度仪的用途

在电子线路中，对非线性失真是有一定要求的，超过了这个要求就说明这个电子线路（如放大电路）不合格。根据经验，音乐中谐波失真度达到 0.7%，语音中谐波失真度达到 3%～5%，人的听觉就可觉察出来。因此，对传送信号的电子设备都要按要求进行检验。最简单的检验方法就是用失真度测试仪（简称失真度仪）来测试电路或设备的失真度。

2）失真度仪的种类

（1）模拟失真度仪：大多数模拟失真度仪都是根据基波抑制法的原理设计的。理想的基波抑制器应完全滤除基波，又不衰减任何其他频率。但实际上，基波抑制器对基波衰减抑制只能达到-60～-80 dB，对谐波却损耗 0.5～1.0 dB。这种类型的失真度仪的性能主要依赖于硬件设计、调试和校准，一般只能实现固定一个或几个频率的失真度测量，其测量误差随着失真度的降低而加大，并且随着器件老化，电路的稳定性和可靠性降低。但由于这种方法较为方便，故在对低频信号进行分析时广为采用。

（2）数字化失真度仪：数字化失真度仪采用了数字信号处理的技术和方法。测量时仪表通过模数转换电路将被测信号数字化，然后通过 FFT 变换程序完成信号的快速傅里叶变换，计算出被测信号中各频率成分的振幅，进而计算出相对准确的失真度。数字化失真度仪的性能主要取决于 A/D 转换的精度和数字信号处理算法。其优点是准确度高，缺点是所使用的仪器复杂，这种方法适用于低频、高频和超高频信号。

3. 失真度仪的工作原理

基于基波抑制法的失真度仪的原理框图如图 4-10 所示，它由输入信号调节器、基波抑制电路和有效值电压表三个部分组成。

图 4-10　基于基波抑制法的失真度仪的原理框图

（1）输入信号调节器。作用是为了让电压表的指示为一个确定的值，即让电压表的指示为 1 V。

（2）基波抑制电路。作用是滤除信号中的基波分量，只允许谐波成分通过。

（3）有效值电压表。用于指示电压有效值或失真度。

失真度测量分两步进行。第一步：校准。首先使开关 S 置于"1"位置，此时测量的结果是被测信号电压的总有效值。适当调节输入电平调节器，使电压表指示为某一规定的基准电平值。实际上就是使式（4-12）中分母为 1。第二步：使开关 S 置于"2"位置，调节基波抑制电路的有关元件，使被测信号中的基波分量得到最有效的抑制，也就是使电压表的指示最小。此时测量的结果为被测信号谐波电压的总有效值。由于第一步测量已校准，所以此时电压表的数值就是 D 值。

4.3.3　ZC4116 型低失真度仪

ZC4116 型低失真度仪是一台新型全自动数字化的仪器，是根据当前科研、生产、计量检测、教学和国防等用户实现快速精确测量的迫切需要重新设计的。最小失真度测量达到 0.01%，它是一台性能/价格比较高的智能型仪器。被测信号的电压、失真、频率全部集中在一块 LCD 液晶屏上自动显示，采用了真有效值检波，电压可在输入电压 1 mV～300 V、频率 10 Hz～300 kHz 内实现全自动测量；失真度可在输入电压 100 mV～300 V、频率 10 Hz～110 kHz 内实现全自动测量，失真度测量范围为 100%～0.01%。该仪器具有平衡和不平衡输入电压及失真测量的功能。幅度显示单位可为 V、mV、dB，失真度显示单位可选择%或 dB。该仪器内设 400 Hz 高通滤波器、30 kHz 和 80 kHz 低通滤波器，方便用户使用。该仪器是一台具有全自动测量信号电压、频率和信号失真等多种功能的新一代智能型仪器，也是当前在信号失真测量领域国内较高水平的一种全数字化、全自动、多功能型的智能化仪器。

1. ZC4116 型低失真度仪的面板

ZC4116 型低失真度仪的面板如图 4-11 所示。

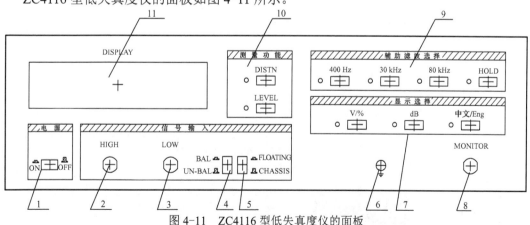

图 4-11　ZC4116 型低失真度仪的面板

ZC4116 型低失真度仪的面板控件功能如表 4-5 所示。

表 4-5　ZC4116 型低失真度仪的面板控件功能

序号	名　称	照　片	功　能
1	电源		电源键。按下为打开，再次按下为关闭。将仪器电源线插入仪器后面板插座中，另一端接 220 V 交流电源，再按下此键仪器即接通电源
2、3	输入端		BNC 插座，被测信号输入。信号输入端"HIGH"和"LOW"插座："HIGH"和"LOW"是为测量平衡输入信号设置的；当测不平衡信号时，信号接入"HIGH"端，BAL 按键抬起。当测平衡信号时，先按下 BAL 键，然后将信号高端接"HIGH"，低端接"LOW"即可
4	BAL 开关		平衡输入或不平衡输入的切换开关
5	FLOATING 开关		浮地按键，当测量 220 V 电网时（未经变压器隔离），按平衡输入方式接入，并按下该按键处于浮地状态，其他测量根据需要决定
6	接地端子		前面板上的接地端子是机壳接地用的，在使用本仪器前，应首先将该接地端子与被测设备接地端子连接，再可靠地接入大地
7	显示选择按键区		V/%显示单位变换键选择测量值的单位为电压（V）或（%）；dB 选择显示单位为 dB。电压测量时，可选择 V、dB 显示；失真度测量时，可选择%、dB 显示。中文/Eng 选择显示字符为中文或英文
8	波形监控端子		将示波器输入端接到该插孔可直接观看被测信号的波形或滤除基波后的谐波波形，示波器接入端输出阻抗为 600 Ω
9	辅助滤波器选择控制区		400 Hz（HP）：为 400 Hz 的高通滤波器，在被测信号大于 400 Hz 时，按下此键可基本消除 50 Hz 电源干扰，特别是在测量小信号失真时按下此键，可提高小失真的测量准确度。 30 kHz、80 kHz（LP）：低通滤波器，可根据需要选择，在测量信号谐波失真时，10 kHz 以下的信号要按下 30 kHz 低通，20 kHz 以下的信号要按下 80 kHz 低通，以消除高频噪声。 HOLD：量程锁定键，按下此键锁定为当前量程，可提高测试速度
10	测量功能选择按键区		LEVEL 键：按下此键，对应指示灯亮，进入电压测量状态（本仪器已设定好开机即自动进入电压测量状态）。 DISTN：按下此键，对应指示灯亮，进入失真度测量状态，首次进入失真度测试状态时，测试时间一般大于 10 s，此后再测试，则可较快得出准确结果。一般被测信号频率低则滤波时间长；频率高滤波时间就短。当失真度显示"Limit"时，表示输入信号低于测量幅度要求，增大输入信号幅度即可。当失真度显示"Fover"时，表示输入信号高于测量频率要求，减小输入信号频率即可。当失真度显示"Flow"时，表示输入信号低于测量频率要求，增大输入信号频率即可
11	测量显示 LCD 屏		显示测量的频率、电压、失真度值

2. ZC4116型低失真度仪的操作规程

ZC4116型低失真度仪的操作规程如表4-6所示。

表4-6 ZC4116型低失真度仪的操作规程

步　骤	内　容	备　注
1. 准备工作	接通电源，指示灯亮，仪器自动进入电压测量状态	
2. 电压测量	当被测信号为不平衡电压信号时，只需将信号电缆接入本仪器的"HIGH"端，则被测的信号电压和频率就会自动显示出来。当被测信号为平衡电压信号时，首先按下 BAL 键，然后将高端接入"HIGH"，低端接入"LOW"，即可实现平衡电压的自动测量。电压显示单位可通过按 V/%或 dB 键设置	
3. 失真度测量	对不平衡或平衡信号的接入法同电压测量。被测信号电压应大于或等于100 mV（否则将显示"Limit"），按下 DISTN 键则进入失真度测量，系统自动跟踪被测信号的电平和频率，无须任何操作，显示稳定后则可记录数据。失真度显示可选择 dB 或%显示，按失真键时，仪器自动选择%显示（请按说明书四中（9）选用滤波器，一般选择低通滤波器的上限频率要比被测信号的频率大3～5倍，即可不影响测量结果的精度）	
4. 使用结束	关闭电源	整理附件，放置整齐
注意事项	（1）测量时，应最大限度地滤除基波成分。 （2）测量电路的失真度时，应在被测电路的通频带范围内选择多个频率测试点进行多次测试	

3. ZC4116型低失真度仪的主要技术参数

ZC4116型低失真度仪的主要技术参数如表4-7所示。

表4-7 ZC4116型低失真度仪的主要技术参数

项　目		技　术　参　数	
失真度测量	输入信号频率范围	10 Hz～110 kHz	
	失真度测量范围	100%～0.01%	
	准确度	20 Hz～20 kHz	±0.5 dB（满度值）
		10 Hz～110 kHz	±1 dB（满度值）
		失真度在 0.03%以下时	±2 dB+0.002%
	固有噪声	输入短路，不清零时	≤0.008%
		输入短路，清零时	≤0.004%
	输入信号电压范围	300 mV～300 V	
电压测量	电压测量范围	300 μV～300 V	
	频率范围	10 Hz～550 kHz	
	以 1 kHz 为基准的频响	20 Hz～100 kHz	±1 dB
		10 Hz～550 kHz	±1.5 dB
	测量准确度	（以 1 kHz 为基准）±5%	

项　目		技术参数
电压测量	固有噪声	≤50 μV
	电压表有效值波形误差	≤3%（输入信号波峰因数<3时）
频率测量	频率测量范围	10 Hz～550 kHz
	准确度	0.1%±2 个字
频率测量	测频灵敏度	优于 10 mV
输入阻抗		输入电阻 100 kΩ，输入并接电容 100 pF
电源电压		220 V±10%，50 Hz/60 Hz

4．ZC4116 型低失真度仪的结构

ZC4116 型低失真度仪的结构框图如图 4-12 所示。

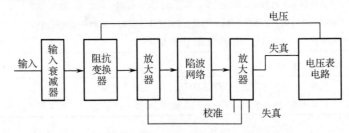

图 4-12　ZC4116 型低失真度仪的结构框图

仪器增设了频率计数功能，可使被测信号的频率直接由 LED 精确显示出来。仪器面板上保留了示波器输出监视插孔，便于使用者直接观察被测信号的波形，特别在失真测量状态，使用者可直接观察到被测信号的失真主要是由哪次谐波形成的，在小失真信号测量时，可以直接观察到整机的滤谐状态。仪器的陷波网络滤除特性可达 90～100 dB，从而保证了 0.01%的低失真测量精度。特别是仪器采用了清零功能，合理地删除噪声影响，使测量精度大大提高。仪器设计了 30 kHz 和 80 kHz 的低通滤波器，用以消除高频噪声，又设计了 400 Hz 高通滤波器（在面板上由使用者选用），当测量高于 400 Hz 的信号失真时，按下它可以消除 50 Hz 的电源干扰。

技能实训 8　用失真度仪测试信号源的失真度

扫一扫看 KH4116A 型失真度仪操作使用微视频

1．实训目的

（1）会操作 ZC4116 型失真度仪。

（2）能用 ZC4116 型失真度仪测量信号的电压和失真度。

2．实训器材

（1）DG1022 型信号源　　　　　1 台。

（2）ZC4116 型失真度仪　　　　1 台。

（3）UT2025B 型示波器　　　　　1 台。

3. 实训内容及步骤

1）认识 ZC4116 型失真度仪的面板旋钮及功能

按 ZC4116 型失真度仪的操作规程进行练习。

2）测量电压

用信号源输出一定频率和幅度的正弦信号，接入 ZC4116 型失真度仪的输入端，则被测的信号电压和频率就会自动显示出来（自动测量状态）。将测得的数据填入表 4-8 中。

表 4-8　失真度仪的电压测量

信号源输出（U_{P-P}=2 V）	失真度仪显示的频率值	失真度仪显示的电压值	示波器观察到的波形
f=1 kHz 正弦信号			
f=10 kHz 正弦信号			

3）测量失真度

（1）用信号源输出一定频率和幅度的正弦信号，接入 ZC4116 型失真度仪的输入端。

（2）将测得的数据填入表 4-9 中。

表 4-9　失真度测量

信号源输出（U_{P-P}=10 V）	信号失真度值	示波器观察到的波形
f=1 kHz 正弦信号		
f=10 kHz 正弦信号		

4. 实训小结

（1）完整记录实施内容与实施结果。

（2）记录实施过程中遇到的问题并进行分析，写出心得体会，结合失真度仪工作原理分析实施过程中出现各种现象的原因。

计划决策　功率放大器失真度的测试

	功率放大器失真度的测试——计划工作单		
准备	1. 资料准备：查阅相关资料，掌握功放相关知识； 2. 查阅信号源的使用说明书； 3. 掌握失真度仪的使用； 4. 列出疑难问题，小组讨论、咨询老师		
测量仪器连接图			
测量频率点的确定	<table><tr><td>序号</td><td>信号频率</td><td>各频点失真度值</td></tr><tr><td>1</td><td>20 Hz</td><td></td></tr><tr><td>2</td><td>100 Hz</td><td></td></tr><tr><td>3</td><td>1 000 Hz</td><td></td></tr><tr><td>4</td><td>5 000 Hz</td><td></td></tr><tr><td>5</td><td>10 000 Hz</td><td></td></tr><tr><td>6</td><td>15 000 Hz</td><td></td></tr></table>		
测量内容与步骤	序　号	测　试　步　骤	
	1		
	2		
	3		
签名		日期	

任务实施 功率放大器失真度的测试

功率放大器失真度的测试——实施工作单		
实训前准备	1. 整理工作台； 2. 布置、摆放仪器和实验设备	
仪器检查	仪器设备名称	完好情况
	1. 信号源	
	2. 失真度仪	
被测设备检查	外观检查	
	通电检查	
测量数据记录		

序号	信号频率	各频点失真度值
1	20 Hz	
2	100 Hz	
3	1 000 Hz	
4	5 000 Hz	
5	10 000 Hz	
6	15 000 Hz	

收获体会					
签名	测试员	日期	检验员	日期

检查评价　功率放大器失真度的测试

功率放大器失真度的测试——评价工作单				
评价项目	评价内容		得　分	总　分
过程评价（50%）	社会能力（10%）	职业道德		
		协作沟通		
	方法能力（10%）	学习能力		
		计划能力		
	专业能力（30%）	仪器检查能力		
		测试系统组建		
		仪器操作能力		
终结评价（50%）	测量结果（30%）	数据正确性		
		数据分析		
		处理能力		
	测试报告（20%）	格式规范性		
		书写认真性		
学生签名	日期		教师签名	日期

项目总结

扫一扫看
随堂测验

　　电子产品技术指标的测量是检验电子产品是否合格的重要手段。作为电子类专业的高职毕业生，应该掌握电子产品的测量技能。本项目选择功放作为典型电子产品，对它进行技术指标的测量，融合了常用电子测量仪器的使用，具有一定的代表性。

　　1．数字毫伏表用来测量正弦交流信号的电压有效值，在电子产品调试中经常用到。

　　2．数字失真度仪用来测量谐波失真度，是音响设备生产企业必备的检验仪器。

　　3．通过完成本项目，学生可以提升自己的电子测量职业岗位能力。

思考与练习4

　　1．在用数字万用表测量功放电路静态总电流时，应注意什么问题？

　　2．数字万用表使用时应注意哪些事项？

　　3．功放的输出功率如何测量？

　　4．功放的失真度如何测量？

　　5．数字毫伏表使用时应注意哪些事项？

　　6．数字毫伏表的核心电路是什么？

　　7．失真度仪测量失真度的原理是什么？

　　8．失真度仪使用时应注意哪些事项？

扫一扫看数
字毫伏表习
题及答案

扫一扫看失
真度仪习题
及答案

反侵权盗版声明

电子工业出版社依法对本作品享有专有出版权。任何未经权利人书面许可，复制、销售或通过信息网络传播本作品的行为，歪曲、篡改、剽窃本作品的行为，均违反《中华人民共和国著作权法》，其行为人应承担相应的民事责任和行政责任，构成犯罪的，将被依法追究刑事责任。

为了维护市场秩序，保护权利人的合法权益，我社将依法查处和打击侵权盗版的单位和个人。欢迎社会各界人士积极举报侵权盗版行为，本社将奖励举报有功人员，并保证举报人的信息不被泄露。

举报电话：（010）88254396；（010）88258888

传　　真：（010）88254397

E-mail:　　dbqq@phei.com.cn

通信地址：北京市海淀区万寿路 173 信箱
　　　　　电子工业出版社总编办公室

邮　　编：100036